Shahide Dehghan
Maryam Marani-Barzani
Hossein Gholami

# Sistemas de Processos Ambientais

**Shahide Dehghan**
**Maryam Marani-Barzani**
**Hossein Gholami**

# Sistemas de Processos Ambientais

**ScienciaScripts**

**Imprint**

Any brand names and product names mentioned in this book are subject to trademark, brand or patent protection and are trademarks or registered trademarks of their respective holders. The use of brand names, product names, common names, trade names, product descriptions etc. even without a particular marking in this work is in no way to be construed to mean that such names may be regarded as unrestricted in respect of trademark and brand protection legislation and could thus be used by anyone.

Cover image: www.ingimage.com

This book is a translation from the original published under ISBN 978-620-7-48520-8.

Publisher:
Sciencia Scripts
is a trademark of
Dodo Books Indian Ocean Ltd. and OmniScriptum S.R.L publishing group

120 High Road, East Finchley, London, N2 9ED, United Kingdom
Str. Armeneasca 28/1, office 1, Chisinau MD-2012, Republic of Moldova, Europe
Printed at: see last page
ISBN: 978-620-7-70930-4

# Sistemas de Processos Ambientais

Shahide Dehghan[1] , Maryam Marani-Barzani[2] Hossein Gholami[3]

department of Geography, Najafabad Branch, Islamic Azad University, Najafabad, Irão

department of Geography, University of Malaya (UM), Kuala Lumpur, Malaysia

department of Civil Engineering, Isfahan (Khorasgan) Branch, Islamic Azad University, Isfahan, Irão

2024

# Índice

**Prefácio**

O Sistema de Gestão Ambiental (SGA) avalia e gere os riscos ambientais e os efeitos nocivos nas empresas e organizações. O sistema de gestão ambiental é uma ferramenta para gerir os efeitos das actividades das organizações no ambiente. Este sistema fornece uma abordagem estruturada para planear e implementar medidas de proteção ambiental. De facto, o sistema de gestão ambiental monitoriza o desempenho ambiental das empresas e organizações; tal como o sistema de gestão financeira de uma empresa, que monitoriza as receitas e despesas e permite revisões regulares do desempenho financeiro da empresa, este sistema integra a gestão ambiental nas actividades e operações diárias da empresa, nos seus planos a longo prazo e noutros aspectos da gestão da qualidade. É possível integrar o sistema de gestão ambiental com o objetivo final da organização, de modo a atingi-lo e, ao mesmo tempo, manter o desempenho ótimo da organização. Isto é normalmente feito através da gestão dos procedimentos actuais da organização. Vários tipos de sistemas de gestão ambiental indicam aos dirigentes da organização ou aos gestores de projectos como gerir a empresa ou o projeto de forma a obter a maior produtividade possível. Este sistema enquadra o funcionamento correto e seguro do projeto, de modo a prevenir a ocorrência de riscos causados pelas actividades organizacionais e a reduzir as consequências dos seus efeitos ambientais. A International Organization for Standardization (ISO) define o sistema de gestão ambiental como uma parte do sistema de gestão que é utilizada para gerir os aspectos ambientais da organização, cumprir as obrigações de conformidade e abordar os riscos e oportunidades. As organizações que pretendam ter um desempenho ambiental eficaz devem seguir, tanto quanto possível, as directrizes desta norma.

**Introdução**

O sistema de gestão ambiental é um conjunto de normas internacionais para avaliar o desempenho das organizações no domínio do ambiente e para o melhorar e promover. O sistema de gestão ambiental (SGA) é um conjunto de processos e procedimentos que permitem à organização ajudar a reduzir o seu impacte ambiental e aumentar a sua eficiência operacional. Este sistema é basicamente um quadro que ajuda as organizações a atingirem os seus objectivos ambientais através da revisão contínua, da avaliação e do desempenho ambiental. Parte-se do princípio de que estas avaliações contínuas proporcionam uma oportunidade para melhorar e implementar o desempenho ambiental da organização. É melhor saber que o SGA não determina o nível de desempenho ambiental ideal para cada organização, mas o SGA para cada organização é concebido de acordo com os seus objectivos globais e individuais. O SGA pode incentivar uma organização a melhorar continuamente o seu desempenho ambiental. Trata-se de uma função circular, ou seja, primeiro a organização compromete-se com a implementação de políticas ambientais (compromisso), e depois utiliza a sua política como base para a criação de um plano. Basicamente, cada empresa deve propor um plano baseado nas suas políticas (planeamento do plano). A gestão de topo está empenhada em melhorar o ambiente e determina a política ambiental da organização. Esta é a política básica do SGA. Uma organização começa por identificar os aspectos ambientais das suas actividades. Os aspectos ambientais são coisas como o ar, o solo, a água ou os poluentes de resíduos perigosos que podem ter consequências positivas ou negativas para as pessoas ou para o ambiente. Em seguida, a organização determina os aspectos e as consequências importantes, escolhendo os critérios que lhe são mais importantes. Por exemplo, uma organização pode escolher como critérios a saúde e segurança dos trabalhadores, a conformidade ambiental e o custo. Uma vez identificados os aspectos ambientais importantes, a organização determina os seus objectivos. Estes objectivos são basicamente um objetivo ambiental geral. Um objetivo é uma necessidade quantitativa e precisa que resulta dos objectivos.

**Corpo do texto**

A última parte da fase de planeamento é o desenvolvimento de um plano de ação para atingir os objectivos, que inclui a determinação de responsabilidades, a determinação de um calendário e a definição de passos claros para atingir os objectivos. A organização segue o plano operacional utilizando os recursos necessários. Um dos componentes importantes é a formação e a consciencialização de todos os funcionários. Outros passos na fase de implementação incluem a compilação de documentos detalhados do processo operacional e o estabelecimento de linhas de comunicação internas e externas. A organização monitoriza as suas actividades para avaliar se os objectivos foram ou não atingidos. Caso contrário, toma medidas correctivas. A gestão de topo analisa os resultados da avaliação para verificar se o SGA está a funcionar. A direção determina se a política ambiental principal é ou não compatível com os valores da organização. Em seguida, este plano é revisto para otimizar a eficácia do SGA. A fase de revisão cria um ciclo de melhoria contínua para uma organização. Estes sistemas são propostos como uma solução para a vida futura da humanidade, para fazer face aos desafios energéticos e aos problemas ambientais e industriais e para os projectos espaciais. Num sistema ambiental fechado, a manutenção da vida através da reutilização completa dos materiais disponíveis acontece em ciclos. O dióxido de carbono exalado e outros materiais residuais são renovados quimicamente ou por fotossíntese em oxigénio, água e alimentos. Os sistemas ecológicos fechados (CES) são ecossistemas que não trocam matéria com nenhuma parte exterior ao sistema, não são dependentes. Estes sistemas são cientificamente interessantes e podem potencialmente servir como sistema de suporte de vida durante voos espaciais, em estações espaciais ou em habitats espaciais. Os recentes avanços na genómica, robótica e tecnologia de sensores tornaram o estudo de sistemas fechados muito mais acessível agora do que no passado, e argumentamos que chegou o momento de considerar o estudo de sistemas fechados a partir deste contexto. Vamos libertar os subúrbios e trazê-los para a corrente principal. Num sistema ecológico fechado, qualquer resíduo produzido por uma espécie deve ser utilizado por pelo menos uma outra espécie. Se o objetivo é sustentar uma forma de vida, como um rato ou um ser humano, os seus resíduos, como o dióxido de carbono, as fezes e a urina, têm de ser convertidos em oxigénio, alimentos e água. Um ecossistema fechado deve conter pelo menos um organismo autónomo. Embora tanto os organismos quimiotróficos como os fototróficos sejam aceitáveis para um tal sistema, quase todos os sistemas ecológicos fechados até à data têm sido baseados num fototrófico, como as algas verdes (os quimiotróficos são organismos que recebem energia através da oxidação de dadores de electrões no seu ambiente. Estas moléculas podem ser orgânicas (quimioorganotróficos) ou inorgânicas (quimiolotróficos). Mas os fototróficos são organismos que produzem compostos orgânicos complexos. (como os hidratos de carbono) e captam os fotões para obter energia. Utilizam a energia luminosa para realizar vários processos metabólicos celulares. É um erro comum pensar que os fototróficos são obrigatoriamente fotossintéticos. Muitos fototróficos, mas não todos, frequentemente fotossintetizam: Convertem anabolicamente o dióxido de carbono em matéria orgânica para ser utilizada estruturalmente, funcionalmente ou como fonte para outros processos catabólicos (por exemplo, sob a forma de amido, açúcares e gorduras). .) Um sistema ecológico fechado para um planeta inteiro é chamado de ecosfera. Os sistemas ecológicos fechados criados pelo homem para sustentar a vida humana incluem os projectos Biosfera 2, Melissa, Bios 1, Bios 2 e Bios 3. Os ecossistemas fechados criados pelo homem são uma solução para diversas aplicações, como os assentamentos humanos na Terra, que pretendem proporcionar uma elevada qualidade de vida em ambientes difíceis, como desertos, montanhas e zonas poluídas industrialmente. . Os jardins de garrafas e os ambientes de aquário são contentores de vidro parcial ou totalmente fechados que formam ecossistemas fechados que podem ser construídos ou comprados. Podem conter pequenos camarões, algas, areia, ostras ornamentais e gorgónias. Além disso, os sistemas ecológicos fechados são normalmente mencionados em histórias, especialmente na ficção científica. Estes sistemas incluem cidades abobadadas, estações espaciais e habitats em exoplanetas ou asteróides, habitats cilíndricos (como os cilindros de O'Neill), esferas de Dyson, etc. (Uma esfera de Dyson é uma superestrutura hipotética que envolve completamente uma estrela e aprisiona e apropria-se de uma grande percentagem da sua energia de saída). A Terra é um sistema ecológico fechado no ambiente espacial que consiste no suporte da vida humana e de outros organismos biológicos. Felizmente, há muito oxigénio para respirar, bem como água e alimentos na Terra. O ecossistema da Terra recicla o ar e os resíduos líquidos e sólidos através de processos biológicos e químicos. A humanidade já iniciou o processo de conceção e construção de instalações e ambientes de teste difíceis de selar. Projectos como a estação espacial e as biosferas são construídos com a visão de criar ecossistemas que possam sustentar a vida com ar, água e alimentos em destinos longínquos como a Lua. Estudando a ecologia, a química, a biologia e os padrões climáticos, podemos aprender a criar ecossistemas regenerativos. Os sistemas ecológicos fechados podem incluir não só uma diversidade natural, mas também sistemas artificiais que são planeados e geridos pelo homem. Estes podem ir desde sistemas agrícolas a mesocosmos, microcosmos e aquários, que podem ter aplicações práticas ou de investigação. Os sistemas de produção de alimentos bio-regenerativos para a estação espacial e os sistemas ecológicos fechados ajudaram os cientistas a conhecer alguns dos processos básicos de crescimento das plantas na Terra e a desafiar as teorias científicas existentes. Os cientistas observaram que a curvatura das pontas de crescimento de muitas plantas em diferentes direcções, especialmente nas plantas trepadeiras, é o resultado de uma interação entre os sinais internos da planta, a gravidade e a luz - e não apenas a gravidade por si só. Estudos demonstraram que os padrões de ondulação e torção da raiz durante a germinação são semelhantes aos do solo no espaço. Isto sugere que a gravidade não é um fator importante no estabelecimento destes padrões de crescimento das raízes. As experiências com plantas efectuadas na estação espacial mostraram que o ciclo de crescimento das plantas e os processos básicos não dependem das condições do voo espacial. Um paralelo entre os desafios que se colocam à manutenção da vida num ecossistema artificial fechado e os desafios da biosfera global. Já lá estamos. À medida que a população humana aumenta, torna-se cada vez mais evidente que a biosfera da Terra já não pode absorver com segurança os poluentes produzidos pelo homem. A perda de biodiversidade, a dependência de recursos naturais não renováveis (combustíveis fósseis) e a conversão de ecossistemas selvagens para uso humano levaram a apelos generalizados para evitar o esgotamento dos recursos naturais, a fim de manter o equilíbrio ecológico. Os pequenos volumes e os tempos de ciclo mais rápidos na biosfera tornam claro que os ecossistemas devem ser concebidos para assegurar a renovação da água e da atmosfera, a reciclagem de nutrientes, a produção de alimentos saudáveis e processos ambientalmente seguros para manter os sistemas técnicos. Os jardins de garrafas e os ambientes de aquário são contentores de vidro parcial ou totalmente fechados que formam ecossistemas fechados que podem ser construídos ou comprados. O desenvolvimento de sistemas técnicos que podem integrar e apoiar totalmente os sistemas vivos representa novas percepções e tecnologias no ambiente global. Os ecossistemas fechados oferecem oportunidades para a educação do público e para uma maior consciencialização sobre a forma como vivemos na biosfera global. Os ecossistemas fechados podem incluir não só uma diversidade natural, mas também sistemas artificiais criados pelo homem, planeados e geridos. Estes podem ir desde sistemas agrícolas a mesocosmos, microcosmos e aquários, que podem ter aplicações práticas ou de investigação. Algumas aplicações podem exigir a conceção de sistemas completamente fechados, como é o caso dos ciclos de materiais. Em todos os casos, a modelação matemática pode ajudar a compreender as forças dinâmicas do sistema e a controlar as abordagens de conceção para manter o desempenho do sistema dentro dos limites desejados. A humanidade já iniciou o processo de conceção e construção de instalações e ambientes de ensaio dificilmente estanques. Projectos como a estação espacial e as biosferas são construídos com a visão de criar ecossistemas que possam sustentar a vida com ar, água e alimentos em destinos longínquos como a Lua. Amplamente utilizado. No entanto, não existe um critério comum para sistemas ecológicos fechados. Para obter a reprodutibilidade das experiências com sistemas ecológicos fechados naturais e artificiais, é necessário efetuar uma série de estimativas globais. A agricultura de sistema ecológico fechado é um método que recicla todos os nutrientes e matéria orgânica do solo onde a agricultura é cultivada. Este método de agricultura mantém o nível de nutrientes e carbono no solo e permite que a agricultura seja feita de forma equilibrada. Os sistemas ecológicos fechados são necessários para vários objectivos. No espaço, o fecho dos materiais permite conservar e reciclar os recursos críticos de suporte da vida, enquanto os ecossistemas fechados nos micro-sistemas da biosfera permitem medições profundas dos processos ecológicos globais e dos ciclos bioquímicos. Os sistemas ecológicos fechados facilitam a realização de actividades de investigação que requerem isolamento do exterior, como os organismos vivos geneticamente modificados, de modo a que as suas interacções ecológicas sejam estudadas separadamente das interacções com o ambiente externo. O fechamento de um sistema está envolvido na resolução de desafios ambientais complexos que incluem a capacidade de controlar taxas de ciclagem mais rápidas e de gerir alterações diárias e sazonais de elementos vitais para a vida, como o dióxido de carbono, o oxigénio, a água e os nutrientes. O problema de alcançar a sustentabilidade num sistema fechado inclui a forma de gerir a dinâmica atmosférica, incluindo os gases não oxigenados no ar, a reciclagem de nutrientes, a manutenção da fertilidade do solo, a manutenção de ar e água saudáveis e a prevenção da perda de elementos vitais. Nos sistemas ecológicos fechados, o desafio consiste em criar semelhanças com a comunidade natural de plantas, animais e ecossistemas. Outros desafios incluem a dinâmica e a genética de pequenas populações, desafios psicológicos para pequenos grupos humanos isolados e acções e opções que podem ser necessárias para garantir o funcionamento a longo prazo dos sistemas ecológicos fechados. Os sistemas ecológicos fechados criados artificialmente têm sido estudados experimental e teoricamente há mais de duas décadas. A dimensão destes sistemas varia de menos de um litro a milhares de metros cúbicos. Os componentes incluídos no sistema têm uma vasta gama, desde sistemas aquáticos a sistemas terrestres que incluem muitas características da biosfera terrestre. Os ecossistemas fechados criados pelo homem são uma solução para diversas aplicações, tais como os assentamentos humanos na Terra. O seu objetivo é proporcionar uma elevada qualidade de vida em ambientes difíceis, como desertos, montanhas e zonas poluídas pela indústria. Além disso, é muito importante criar uma casa ecológica com o objetivo de proporcionar uma elevada qualidade de vida às pessoas nas regiões polares e antárcticas. A tecnologia energética avançada permite dispor de quantidades estáveis de legumes frescos, a purificação da água e do ar, a cor e as condições de luz habituais devem ser asseguradas. Os sistemas ecológicos fechados baseados na tecnologia são descritos como realistas atualmente e o seu desenvolvimento depende das energias disponíveis e dos decisores. Embora tenha sido recolhida muita informação sobre o desempenho destes sistemas ecológicos fechados, a expetativa é que a utilização destes sistemas seja estudada, o que contribuirá para o sistema ecológico fechado da Terra. Num ecossistema fechado, a manutenção da vida ocorre através da reutilização completa dos materiais disponíveis, utilizando ciclos. O dióxido de carbono expirado e outros resíduos são renovados quimicamente ou por fotossíntese em oxigénio, água e alimentos. A consciência de que o nosso planeta é uma biosfera autossuficiente e que a luz solar é a sua principal fonte de energia para a vida. A consciência de que o nosso planeta é uma biosfera autossustentável e de que a luz solar é a sua principal fonte de energia para a vida, conduziu a um fascínio histórico de longa data pelo funcionamento de sistemas ecológicos auto-sustentáveis. No entanto, os estudos desses sistemas nunca entraram no cânone das ferramentas ecológicas ou evolutivas e, em vez disso, levaram à criação de subprodutos relacionados com a engenharia de sistemas de apoio à vida e de viagens espaciais. Deveria ser introduzido um quadro para criar um renascimento do tema da biosfera, que se baseia no estudo dos ecossistemas fechados em termos de matéria e abertos em termos de energia, ao nível microbiano (biosfera microbiana). Os recentes avanços na genómica, na robótica e na tecnologia de sensores tornaram o estudo dos sistemas fechados muito mais acessível agora do que no passado, e argumentamos que chegou o momento de considerar o estudo dos sistemas fechados a partir deste contexto. Vamos libertar os subúrbios e trazê-los para a corrente principal. Uma abordagem ao estudo dos processos dos ecossistemas que permita estudos a longo prazo, particularmente em sistemas pré-determinados e simples, e em biosferas microbianas, proporciona uma oportunidade para testar e desenvolver hipóteses robustas sobre o funcionamento dos ecossistemas e os factores ecológicos e evolutivos de degradação ou proporciona uma durabilidade do sistema a longo prazo. Ao contrário de muitas ciências, a ecologia dos ecossistemas nunca adoptou totalmente uma abordagem reducionista, centrando-se no mundo natural em toda a sua complexidade. Uma abordagem reducionista da ecologia dos ecossistemas, utilizando biosferas microbianas, baseada numa combinação de teoria e no estudo iterativo de microssistemas muito mais simples, pode produzir enormes benefícios. A avaliação do impacto ambiental (AIA), bem como o estabelecimento de sistemas de gestão ambiental (SGA), ajudam as organizações a identificar, avaliar e gerir os impactos ambientais na implementação de projectos de construção/industriais e a aumentar o desempenho ambiental global. Têm um bom desempenho. Para assegurar a utilização eficaz e eficiente destas duas importantes ferramentas ambientais, é necessário que, a par da sua coordenação e comunicação contínua e do conhecimento dos seus pontos de ligação entre si, possam ser analisadas de forma consolidada e simultânea na exploração ou desenvolvimento de diferentes condições operacionais postas em prática. A utilização combinada destas duas ferramentas conduz à redução de aspectos ambientais óbvios e à otimização do sistema de gestão ambiental e ajuda este sistema a atingir os seus objectivos. Todos os conceitos de gestão nas organizações (produção, manutenção, finanças, recursos humanos, desenvolvimento de novos produtos, comércio, produtividade, etc.) podem ser utilizados em muitos sistemas de gestão, incluindo as questões ambientais. A gestão do desempenho orienta a organização de mais esforços para actividades mais eficazes. Na gestão do desempenho, para além do pessoal, são considerados outros aspectos como a organização, os departamentos, os processos, os programas, os produtos de serviço, os projectos e o trabalho de grupo. Na avaliação do desempenho ambiental da organização, são tidos em conta indicadores e critérios/normas que incluem o índice de desempenho da gestão, o índice de desempenho dos processos e o índice das condições ambientais. Uma das maiores fontes de poluição atmosférica nas grandes cidades são os carros que circulam nas ruas, o que impõe enormes custos aos cidadãos, tanto em termos de vida como de dinheiro. Para reduzir esses danos, os fabricantes de automóveis estão constantemente a utilizar novas tecnologias para reduzir a quantidade de poluentes emitidos pelos seus produtos. Nos últimos anos, com a produção de automóveis equipados com motores de injeção, cuja injeção de combustível é controlada eletronicamente pela unidade de controlo do motor (ECU), foi possível atingir estes objectivos em grande medida. Entretanto, a forma de ajustar e calibrar o sistema de gestão do motor (EMS) tornou-se cada vez mais importante. A tarefa mais importante do regulador do sistema de gestão do motor é atingir o ponto ótimo de emissão de poluentes, consumo de combustível e desempenho do veículo. O aumento das actividades industriais na era atual causou problemas críticos, tais como: redução da biodiversidade, aquecimento global e redução da camada de ozono no caminho do ambiente. O desenvolvimento industrial sem a preservação do ambiente será um desenvolvimento insustentável. Nas últimas décadas, a questão da proteção do ambiente tornou-se um dos principais pilares da tomada de decisões políticas. Para reduzir estes efeitos nocivos, as indústrias e as empresas precisam de utilizar um sistema de gestão ambiental (SGA) para responder aos problemas. O sistema de gestão ambiental é uma forma de alinhar os objectivos das empresas com os objectivos e políticas ambientais. A contabilidade de gestão ambiental oferece uma perspetiva combinada que fornece uma base para a utilização de dados da contabilidade financeira, da contabilidade de custos e da declaração de fluxo de alguns materiais para aumentar a eficiência dos materiais, reduzir os impactos e riscos ambientais e também reduzir o custo da proteção ambiental. para fazer A contabilidade de gestão ambiental está a ser implementada por empresas públicas e privadas, mas ainda não foi implementada por países e nações. A contabilidade de gestão ambiental tem componentes financeiras e componentes físicas. O principal objetivo da contabilidade de gestão ambiental e do método de contabilidade de gestão ambiental é a avaliação dos custos ambientais resultantes do tratamento, eliminação ou destruição da poluição, da proteção ambiental e da gestão ambiental. Além disso, a rubrica mais recente que foi acrescentada a estes custos é o valor de aquisição de materiais não produtivos e os seus custos de transformação. A soma destas despesas mostra uma imagem assustadora dos custos totais da ineficiência da empresa, o que obriga as empresas a melhorar os seus sistemas de informação. Devido ao método de tratamento atual e à presença de carros abandonados na natureza, os carros usados têm graves efeitos ambientais. O grande volume de carros usados e os seus riscos ambientais incentivaram a procura de uma solução para uma política ambiental eficaz no domínio do controlo dos efeitos ambientais dos carros usados. A gestão ambiental de sistemas insulares com diversidade e habitats exclusivos e com elevada vulnerabilidade é uma ação necessária que tem sido muitas vezes sublinhada nas cimeiras mundiais sobre o ambiente e, para o efeito, o desenvolvimento do plano de gestão ambiental da ilha de Ormuz foi o objetivo deste estudo. A gestão ambiental de sistemas insulares com diversidade e habitats exclusivos e de elevada vulnerabilidade é uma ação necessária, muitas vezes sublinhada nas cimeiras mundiais sobre o ambiente, pelo que o desenvolvimento do plano de gestão ambiental da ilha de Hormoz foi o objetivo deste estudo. Em todo o mundo, uma parte da destruição ecológica e das comunidades em crescimento é causada por catástrofes naturais e por se encontrarem em situações de extrema gravidade. Por outro lado, alguns ecossistemas podem ser resistentes às catástrofes naturais ou situar-se em zonas não elevadas, mas estes ecossistemas são resistentes às catástrofes provocadas pelo homem (catástrofes que são frequentemente causadas por actividades humanas, tais como a destruição de florestas, o aterro de zonas húmidas e a desestabilização do clima ou a alteração do curso dos rios e a retirada de um rio do estatuto de rede ecológica, etc.) não podem resistir. O valor da contabilidade de gestão ambiental na procura de organizações sustentáveis está a aumentar. A razão para isso é a pressão dos accionistas sobre os gestores para que se concentrem mais nas questões ambientais e avaliem o desempenho ambiental. A fim de alcançar uma melhor gestão ambiental organizacional, a implementação de estratégias ambientais e a utilização da contabilidade de gestão ambiental estão entre as principais vantagens competitivas para muitas empresas. A escassez de energia fóssil, o crescimento dos preços dos combustíveis são preocupações crescentes na A relação com o fenómeno do aquecimento global e dos gases com efeito de estufa levou ao aparecimento de novas tecnologias e concepções no domínio da engenharia. Uma dessas tecnologias é a utilização de sistemas CCHP. Nos sistemas CCHP, o calor de saída dos geradores é utilizado para produzir aquecimento e arrefecimento em diferentes estações do ano, bem como em processos industriais. A criação de zonas industriais, devido à sua dimensão, leva à perturbação do equilíbrio do ambiente. A construção de tais zonas conduz a alterações fundamentais no ambiente da região. Tendo em conta a sensibilidade e a fragilidade das praias contra a erosão e a poluição, a administração das praias necessita de um sistema de gestão eficaz e integrado, para que seja possível um desenvolvimento sustentável nestas zonas. Na zona costeira de Chabahar, a falta de coordenação dos programas e das funções dos diferentes departamentos e instituições na execução dos programas de desenvolvimento, a exploração insustentável dos recursos hídricos e outras actividades costeiras conduziram à poluição da praia e do mar e, ao mesmo tempo, o equilíbrio dos processos perturbou o ecossistema da costa. Por outras palavras, com o aumento da população na zona costeira de Chabahar e o aumento da atividade piscatória, a ignorância das instituições costeiras sobre as relações e os processos biológicos na costa e no mar, a implementação de projectos que não seguem as normas ambientais, o fluxo de interação natural. Isto dificultou as relações. A longo prazo, este facto irá acelerar a erosão costeira e a perda de várias espécies aquáticas na faixa costeira. Entretanto, os estrangulamentos e limitações naturais criaram o terreno para não se prestar atenção suficiente às questões ambientais no decurso das actividades humanas nesta área. As mulheres devem ter as capacidades necessárias para desempenhar o seu papel na proteção do ambiente. Neste sentido, a escolha dos métodos educativos mais favoráveis, juntamente com os conhecimentos actuais, pode ajudar eficazmente a atingir os objectivos de gestão para preservar e proteger o ambiente. Considerando os muitos problemas ambientais causados pelas actividades comerciais e económicas, a implementação da contabilidade de gestão ambiental ajuda as empresas a terem um melhor desempenho operacional e comercial. A gestão dos resíduos hospitalares produzidos reveste-se de particular importância em termos de armazenamento, recolha e eliminação, tendo em conta o seu papel fundamental na propagação de doenças infecciosas e na poluição ambiental. A contabilidade ambiental baseia-se em conceitos, critérios e valores ambientais e económicos tem sido O desempenho ambiental conduz a um melhor desempenho financeiro das empresas. A este respeito, a auditoria ambiental é basicamente um instrumento de gestão ambiental para medir os efeitos de certas actividades no ambiente em função dos critérios ou normas estabelecidos que ajudarão a melhorar a qualidade dos relatórios financeiros. As auditorias ambientais são utilizadas para ajudar a melhorar as actividades humanas existentes, com o objetivo de reduzir os efeitos adversos dessas actividades no ambiente. Melhorar a flexibilidade dos sistemas de energia, otimizar o armazenamento de energia e a produção de energia com menos efeitos ambientais, o desenvolvimento de micro-redes tem sido cada vez mais importante. A questão da gestão dos recursos humanos na gestão ecológica dos hotéis é ainda relativamente desconhecida. Por outro lado, a indústria hoteleira é um dos sectores que mais sobrecarrega o ambiente. Por conseguinte, devido ao aumento das questões ambientais na indústria hoteleira, devem ser implementadas medidas relacionadas com o desenvolvimento sustentável, tais como a utilização de métodos de gestão de recursos humanos ecológicos. O crescente desenvolvimento das indústrias extractivas e a utilização generalizada de vários tipos de pedras de construção na construção civil no país conduziram a um aumento da produção de resíduos e rejeitos destas indústrias, o que exige uma gestão adequada do ponto de vista ambiental. Considerando a tendência crescente do consumo de energia no mundo e os efeitos ambientais nocivos por ele causados e considerando a utilização de fontes de energia não renováveis, como os combustíveis fósseis, tornou-se mais importante prestar atenção à discussão da gestão e otimização do consumo de energia. A comercialização das actividades agrícolas, seguida da utilização generalizada de pesticidas agrícolas na produção de produtos agrícolas, tem causado graves problemas no ambiente. Apesar dos alertas dos decisores políticos para a necessidade de se alcançar uma agricultura sustentável, a maioria dos agricultores procura atingir a produção máxima e, entretanto, presta a menor atenção à dimensão ambiental da produção. A contabilidade de gestão ambiental (CGA), como ramo interno da contabilidade ambiental. A vida é um poderoso sistema de informação que ajuda a gestão a controlar de forma óptima o consumo de matérias-primas, água, energia e fluxos de combustível, a criar e eliminar resíduos e detritos e a prevenir a poluição ambiental. A EMA, como uma nova ferramenta de gestão, é Melhora o desempenho ambiental e financeiro da organização através da promoção da responsabilidade ambiental. Atualmente, a proteção do ambiente é uma das ferramentas mais estratégicas das empresas modernas e uma das necessidades dos clientes, das pressões competitivas e das oportunidades dos recursos ambientais. Neste contexto, a conceção e a produção de produtos em conformidade com as normas ambientais também se tornaram um método comum de produção de produtos nas indústrias. A experiência dos países desenvolvidos mostra que, com um aumento da produção per capita, a poluição ambiental começa por aumentar e, depois, a um nível de produção per capita, a poluição diminui devido à atenção dada ao ambiente. Esta questão pode ser demonstrada na curva ambiental de Kuznets. Hoje em dia, as organizações enfrentam requisitos inevitáveis para enfrentar o desafio da proteção ambiental, e uma gestão ambiental adequada tornou-se o fator de sucesso das organizações. A gestão ambiental adequada de uma organização depende da avaliação do desempenho ambiental dessa organização para compreender e melhorar os resultados da gestão dos elementos das actividades, produtos e serviços da organização que interagem com o ambiente circundante. Até à data, são fornecidos vários modelos para avaliar o desempenho ambiental. Prestar atenção à literacia ambiental e à ética na agricultura desempenha um papel decisivo na proteção da natureza e dos recursos de produção. Se os agricultores não tiverem literacia ambiental, é de esperar que sejam causados danos irreparáveis ao ambiente. Embora a produção e o desempenho dos produtos agrícolas tenham melhorado no último século e isso tenha aumentado a produção de alimentos, essas conquistas causaram muitos problemas sociais e ambientais para a saúde humana e outros organismos vivos, como a salinização e a acidificação, a lixiviação de nitratos e a produção de gases com efeito de estufa. Atualmente, a indústria do turismo de natureza é considerada como um sector importante e principal na economia global. Entre os diferentes tipos de turismo, o turismo de natureza é um instrumento adequado para alcançar um turismo sustentável. As zonas húmidas, enquanto ecossistema, têm uma função vital no sistema sócio-ecológico. A limitação da água é o fator mais importante na secagem das zonas húmidas em áreas secas. Tendo em conta a grande quantidade de perdas de água na agricultura, melhorar a gestão do consumo neste sector e afetar a água armazenada desta forma pode ajudar a restaurar o estado ecológico das zonas húmidas. O acesso limitado aos recursos hídricos tem sido, desde há muito, um dos mais importantes obstáculos à melhoria da segurança da água face às alterações climáticas e aos riscos. O investimento estratégico, como o investimento na capacitação, no reforço das capacidades e na formação de grupos vulneráveis, pode reforçar a capacidade destes grupos para agirem e se adaptarem em condições críticas e funcionar como uma alavanca para soluções climáticas eficazes e sustentáveis relacionadas com a água e, ao mesmo tempo, resolver questões relacionadas com a justiça ambiental. As mulheres são factores importantes para a utilização sustentável da água em domínios como a agricultura e as tarefas domésticas, além de serem consumidoras mais sustentáveis e mais sensíveis às preocupações ecológicas. Além disso, os seus papéis sociais e a sua posição no mundo são fortemente afectados pela escassez de água e mesmo pelas inundações e são afectados pela má gestão da água. Consequentemente, o apoio especial às mulheres nestas áreas pode trazer muitos benefícios para a gestão dos programas climáticos, a segurança da água e a capacitação das mulheres. Hoje em dia, as florestas, as pastagens, as margens dos rios, as praias, as cascatas, as encostas das montanhas e as condições específicas dos desertos, enquanto património público, são o principal suporte para lidar com as alterações climáticas e alcançar uma agricultura sustentável. Por este motivo, a alteração da sua utilização tem consequências difíceis. A necessidade humana de energia está a aumentar continuamente e os recursos energéticos fósseis estão a diminuir. Por outro lado, a utilização indiscriminada dos recursos de combustíveis fósseis ameaça a vida na Terra ao poluir o ambiente. A energia solar, como um dos tipos de energia renovável, é uma das alternativas mais importantes aos combustíveis fósseis. A sustentabilidade ambiental é um requisito para os modernos sistemas de transportes urbanos. Escolher a opção certa de transporte público em qualquer sistema urbano não só leva ao desenvolvimento sustentável do transporte urbano, mas também adapta o processo de planeamento às características das pessoas dessa sociedade e incentiva as pessoas a usá-lo e, como resultado, aumenta a sua produtividade. O contexto do apetite insaciável dos seres humanos e a produtividade dos recursos naturais e o sentido de procura de lucro e extravagância dos capitalistas e dos grandes produtores são considerados uma ameaça crescente para os recursos naturais. Por conseguinte, a questão do ambiente tem atraído a atenção de muitos pensadores. Para resolver estes problemas, os especialistas propuseram a criação de uma ética ambiental. No mundo de hoje, com o crescimento económico de diferentes países, prestar atenção à quantidade de poluição industrial e de poluentes industriais tornou-se uma questão importante e fundamental. Nos modelos ambientais, existe sempre o problema dos resultados indesejáveis (por exemplo, a emissão de $CO_2$, gás com efeito de estufa). Os estudos sociológicos sobre o papel da natureza na sociedade têm uma história tão longa como o próprio domínio da sociologia. Aos olhos de muitos pensadores sociológicos clássicos, a sociedade moderna tem uma relação dupla com a natureza; isto é, esta sociedade, ao mesmo tempo que é considerada uma parte do mundo natural, está também em oposição a este mundo. A análise do pensamento social do século XIX mostra que, durante este período, a natureza era frequentemente considerada como determinante do estado da sociedade. De acordo com os pensadores sociais da época, o ambiente e os factores geográficos moldam a cultura. O combustível nuclear irradiado exige uma gestão científica e baseada em princípios, devido à radiação e à elevada temperatura. Os documentos internacionais, nomeadamente a Convenção Conjunta sobre a Gestão da Segurança do Combustível Irradiado, foram codificados com o objetivo de proteger as pessoas e o ambiente contra os danos causados por esse combustível. A contabilidade de gestão ambiental pode ajudar o sector agrícola, especialmente a indústria avícola, a minimizar os custos ambientais, fornecendo informações físicas e monetárias relacionadas com os custos ambientais. A fim de expandir e promover o espírito de responsabilidade em relação à preservação dos recursos naturais e da energia, bem como a redução da poluição ambiental, as indústrias de produção de ferro e aço são obrigadas a proteger a saúde humana e o ambiente em conjunto. Sistema de Gestão Ambiental (SGA) É um quadro estruturado que as organizações utilizam para gerir o seu impacto ambiental, reduzir a sua pegada de carbono e promover práticas sustentáveis. O SGA ajuda as organizações a identificar, avaliar e gerir riscos e oportunidades ambientais, conduzindo a uma utilização mais eficiente dos recursos, à conformidade regulamentar e a um melhor desempenho ambiental. Considerando as vastas e inevitáveis consequências dos desafios ambientais e a prioridade da prevenção nas questões de segurança, é necessário identificar os pontos vulneráveis e os efeitos que estes desafios têm na segurança nacional dos países, de modo a evitar que se transformem numa crise. Para determinar, prever e interpretar o impacto ambiental de um projeto sobre o ambiente, a saúde pública e a saúde dos ecossistemas, surgiu uma abordagem importante como a avaliação do impacto ambiental (AIA), cujo objetivo mais importante é introduzir e examinar sistematicamente as questões ambientais em todas as fases de tomada de decisão são as suas actividades específicas. Desta forma, são analisados os efeitos do desenvolvimento nas componentes ambientais. Com o aumento da população e a importância do desenvolvimento sustentável, a necessidade de sistemas de tratamento de águas residuais com menor carga ambiental e eficiência económica é cada vez mais sentida. O método de avaliação do ciclo de vida é um dos métodos de avaliação ambiental de produtos e serviços. A aceitação da estratégia de desenvolvimento sustentável em dimensões globais e o desejo de a utilizar em diferentes sectores reforça a necessidade de formular e conceber um método abrangente e completo para alcançar esta estratégia. Por outro lado, a complexidade inerente à interação entre a economia, a sociedade e o ambiente e o seu impacto fundamental na sociedade, exige a utilização de um modelo eficiente nos sistemas urbanos. Uma das preocupações básicas das organizações actuais é a melhoria do desempenho financeiro através do cumprimento das questões ambientais. É ambiental. A abordagem de avaliação de risco é um dos principais eixos de estabelecimento e utilização de sistemas de gestão nas organizações. Com a criação de sistemas de gestão que hoje estão integrados no sistema de gestão da segurança, saúde e ambiente, as organizações ficam habilitadas a cumprir os requisitos que conduzem à abordagem da prevenção de erros. A criação de sistemas de gestão ambiental nos centros universitários e no ensino superior, ao proporcionar um ambiente saudável e dinâmico no sentido do desenvolvimento sustentável, pode preparar as mentes para aceitarem esta importância e tornarem-se um modelo eficaz na preservação e manutenção do ambiente e na criação de uma melhoria contínua. Durante uma operação de perfuração, desde o início até ao fim, vários tipos de poluição nos poços de fogo e de lama (para eliminar resíduos, materiais residuais e registos de perfuração), a penetração do fluido de perfuração na formação e outros casos podem causar graves danos ao ambiente. . Na indústria, são feitos esforços para maximizar a eficiência, minimizar a poluição e reduzir os custos económicos. Ao comprimir e isolar os toros, purificar as lamas, reutilizá-las e, sobretudo, utilizá-las para outros fins, é possível ajudar a reduzir a poluição ambiental e também reduzir os custos de perfuração. Por conseguinte, a realização de estudos práticos e de desenvolvimento no domínio do reconhecimento, da classificação, da determinação da possibilidade de reutilização, da reciclagem, da redução, da purificação e do controlo e, por fim, da disponibilização de métodos abrangentes de gestão de resíduos nestas áreas reveste-se de particular importância. Neste artigo, tentou-se fornecer soluções básicas para estes problemas, tendo sido propostas várias soluções para o problema da contaminação das aparas e dos fluidos de perfuração. O domínio da atividade industrial é a causa de crises ambientais generalizadas e é aceite no mundo que a ciência, por si só, não será suficiente para resolver os problemas ambientais. Uma vez que a orientação moral da força humana que trabalha neste sector pode ser um fator determinante no comportamento em relação ao ambiente. Os crimes contra o ambiente referem-se a acções que, em determinadas condições, conduzem à poluição, à destruição ou à danificação das manifestações do ambiente. A importância da prevenção destes crimes prende-se com o facto de estarem diretamente relacionados com a saúde dos "humanos". A maioria dos países aplica um regime penal especial neste caso, o mundo é gradualmente confrontado com ameaças que assumem uma natureza mais complexa todos os dias. Uma dessas ameaças é a destruição do ambiente, que representa diretamente uma séria ameaça à vida e à espécie humana. Para responder ao consumo crescente de papel e de produtos de papel, é necessário produzir mais papel. Uma vez que a maior parte da matéria-prima para a produção de papel provém da madeira, ou melhor, da floresta, o aumento da produção provoca gradualmente a perda de recursos naturais e causa danos irreparáveis ao ambiente. Para eliminar alguns destes problemas, os resíduos de papel podem ser utilizados como matéria-prima na produção de papel novo. A utilização de resíduos de papel evita a utilização excessiva de florestas, poupa energia e água e minimiza a quantidade de poluição da água e do ar. Para além disso, a reciclagem de resíduos de papel elimina os problemas relacionados com o seu enterramento e queima. Desde o início da história da humanidade, a questão do ambiente tem sido o foco de gerações e, desta forma, os humanos descobriram pela primeira vez a natureza e as suas estratégias. Para regular o consumo dos recursos da sociedade, as proibições e superstições, e para observar os direitos comuns, o homem desenvolveu o conhecimento do ambiente, foram formuladas várias leis de controlo e foram enumerados os recursos ambientais nacionais dos países. A evolução económica e social significativa no final do século XX criou uma crise no modo de gestão ambiental. Estes problemas incluem a poluição ambiental global, a perda de biodiversidade, a degradação dos solos e o crescimento urbano excessivo. Nessa altura, começou um grande desafio para resolver o problema, mas a velocidade dos problemas estava muito à frente da velocidade da consciência ambiental, da monitorização do impacto, da recolha de dados, da análise, da modelação, da avaliação e do planeamento. Nessa altura, a gestão ambiental assumiu a responsabilidade de coordenar e concentrar-se nos desenvolvimentos para melhorar a vida humana e evitar uma maior destruição da terra e dos seus elementos. Na gestão ambiental, acredita-se que a monitorização da gestão tradicional dos recursos tem como objetivo a utilização racional e sustentável dos recursos a longo prazo. Para atingir esse objetivo a longo prazo e sustentável, é necessário ter uma gestão multidisciplinar, interdisciplinar ou abrangente, cuidadosa e colaborativa. Estes objectivos estão a aumentar de dia para dia, no sentido de um desenvolvimento sustentável. O mecanismo multidisciplinar requer a participação de diferentes disciplinas para obter informações, desenvolver competências de análise e criar conhecimentos, mas não procura combinar opiniões e criar entendimento. Hoje, mais do que nunca, a questão do ambiente tem atraído a atenção da humanidade, porque muitas destruições ambientais têm sido causadas por actividades humanas, pelo que a utilização de sistemas de gestão ambiental é uma necessidade inevitável para as organizações. Estes sistemas incluem processos que ajudam a organização a ter actividades com menos danos para o ambiente. Por outro lado, o aumento da consciencialização e da atitude das pessoas tem ofuscado o comportamento do consumidor e tem substituído as escolhas ecológicas por outras escolhas, pelo que, através da utilização de sistemas de gestão ambiental, as organizações podem alcançar uma melhor imagem na sociedade e encontrar uma vantagem competitiva, bem como atrair consumidores que tenham uma escolha ecológica. Um dos maiores problemas do mundo atual é a questão da poluição de carbono causada pelas actividades humanas, que é conhecida como o fator mais destrutivo do ambiente, e de que forma e com que soluções podemos reduzir as emissões de carbono ou, pelo menos, criar um equilíbrio entre a absorção e a emissão. O carbono é uma das maiores preocupações dos países. O processo de globalização das cidades tem trazido várias consequências adversas para o ambiente e para a sociedade, nomeadamente o aumento da poluição ambiental, as alterações climáticas, o esgotamento e a destruição dos recursos. O impacto destes processos dificulta a garantia dos direitos de cidadania num ambiente limpo, e a implementação deste direito requer soluções complexas. Atualmente, têm sido propostas e utilizadas várias abordagens para resolver os problemas nas cidades. Vários factores influenciam a habitabilidade de um local, entre os quais podemos mencionar a presença de pessoas, o uso misto, a habitação, a segurança, o sentimento de pertença, a eficiência e o ambiente. A gestão dos recursos humanos centra-se nas pessoas nas organizações. A gestão ecológica, como um dos aspectos mais importantes dos sistemas ambientais de recursos humanos numa escala normativa ou ética, reveste-se de particular importância. A este respeito, a gestão ecológica dos recursos humanos é um dos factores importantes a ter em conta e é, na verdade, uma área vital para a gestão empresarial, pelo que várias empresas precisam de utilizar estratégias ambientais para alcançar uma vantagem competitiva significativa.

Por outro lado, o comportamento ecológico organizacional é o desejo e a motivação dos funcionários para irem além dos requisitos formais do trabalho, a fim de se ajudarem mutuamente, alinharem os interesses individuais com os interesses organizacionais e terem um interesse real nas actividades e missões gerais da organização. O comportamento ecológico dos trabalhadores é qualquer comportamento individual que possa ser medido no contexto do ambiente de trabalho - ajuda a atingir os objectivos relacionados com a sustentabilidade ambiental ou impede a realização desses objectivos. Investigadores avançados consideraram este tipo de comportamento sob o título de comportamento transpessoal. A sustentabilidade ambiental como uma abordagem ao desenvolvimento; permite satisfazer as necessidades da geração atual sem comprometer a capacidade das gerações futuras. Esta abordagem ajuda a preservar os recursos naturais, a biodiversidade, a reduzir os efeitos negativos sobre o ambiente, a melhorar a qualidade de vida humana e a desenvolver uma economia sustentável. Em termos simples, a sustentabilidade ambiental significa um equilíbrio entre o desenvolvimento económico, a sustentabilidade social e a proteção do ambiente. Para alcançar a sustentabilidade ambiental é necessário identificar e determinar os factores que a afectam. A madeira e os resíduos de madeira, a celulose e a pectina, para além dos tecidos duros, como a madeira e a casca das árvores e das plantas e, finalmente, a palha e os resíduos de culturas, constituem um risco biológico para a agricultura e a horticultura e para a sociedade urbana e rural, podendo os resíduos e os resíduos verdes recicláveis ser devolvidos ao ambiente.

Os agricultores tradicionais utilizavam métodos como a recolha num canto do terreno ou o enterramento no solo, produzindo tradicionalmente composto e plantas de solo a partir destes resíduos. Hoje, no mundo da ciência e do conhecimento, sabemos que os resíduos e o lixo podem ser retirados do estado de crise sob a forma de uma oportunidade para transformar os resíduos com maior riqueza económica e plena justificação. No passado, a arquitetura era a história da arte e a história da arquitetura e do urbanismo baseada no verde e na frescura e na preservação do clima e do ambiente. Os jardins dos reis e os palácios que restaram da antiguidade mostraram a atenção cuidadosa do povo para manter a saúde da alma e do espírito. Esta palavra deve ser considerada como um modelo adequado para projectos ambientais, preservando o ambiente. Significa que é possível construir cidades mas preservar o espaço verde e o ambiente. A arquitetura verde significa a utilização máxima da natureza para um belo ecossistema humano, sem prejudicar o corpo da natureza e o ambiente. Neste método, o ambiente e a ecologia da floresta ou do pasto ou da cidade são preservados e o ambiente é preservado de uma forma completamente direccionada e é criada a mais bela obra de arte que inclui uma bela casa residencial com uma excelente vista e é resistente e todos os cálculos básicos foram feitos e a paisagem da agricultura e da ecologia do turismo foi preservada observando todos os princípios da engenharia agrícola e hortícola. Numa estrutura deste tipo, é claro que os padrões são diferentes, ou seja, como é possível ter uma moradia verde no coração da quinta e da aldeia ou no coração da floresta e do pasto. Paralelamente, o ecossistema natural agrícola e hortícola pode ser construído na cidade e criar uma bela floresta junto à vivenda residencial em Shahr Sazi. Por outro lado, a moradia verde ou a arquitetura verde não é apenas o paisagismo e a jardinagem e o espaço verde das moradias, mas também ser verde significa frescura e pureza, saúde ambiental e a cidade orgânica de todo o processo de construção. Dos materiais à construção e, por um lado, a gestão de resíduos e a produção de produtos de reciclagem para resolver o problema básico dos resíduos. Por conseguinte, a arquitetura verde é saudável e verde. E talvez possa ser chamada de arquitetura orgânica. Por outro lado, esta arquitetura tem a máxima beleza em termos de fachada e paisagem e tem uma excelente perspetiva de todos os ângulos. Uma arquitetura que se baseia na gestão básica do escoamento e dos esgotos, no tratamento dos esgotos e na reciclagem dos resíduos, juntamente com a construção de espaços verdes e elementos de água, e na criação de uma pequena quinta que pode ser colhida organicamente na área do edifício ou edifícios (complexo de apartamentos) e que maximiza a utilização de materiais. As novas tecnologias, incluindo a inteligência e a utilização da inteligência artificial, devem florescer no coração da cidade, naturalmente, a inteligência artificial para o bem-estar das pessoas. Por conseguinte, inclui uma ampla combinação de diferentes ciências, o que aumenta a tarefa dos engenheiros de construção para um maior estudo e conhecimento. A avaliação do ciclo de vida (ACV) é uma abordagem para examinar os efeitos ambientais da produção de produtos ou serviços, que é calculada com base em dois indicadores de consumo de recursos e emissões poluentes. Fornecer conhecimentos educativos tradicionais e eficazes na preservação do ambiente é uma das formas eficazes de preservar e proteger o ambiente. O conhecimento tradicional refere-se a um conjunto de conhecimentos, experiências e culturas relacionadas com o ambiente que são transmitidos de geração em geração. Estes conhecimentos incluem métodos agrícolas tradicionais, exploração de recursos naturais e gestão de resíduos. A apresentação destes conhecimentos à sociedade pode atuar como uma solução eficaz para preservar o ambiente e a sua sustentabilidade. Uma das vantagens da utilização dos conhecimentos tradicionais na preservação do ambiente é o facto de estes conhecimentos serem locais e indígenas e estarem de acordo com as condições. São compatíveis do ponto de vista geográfico e cultural. Isto significa que os métodos e técnicas fornecidos para preservar o ambiente são optimizados de acordo com as condições locais e os recursos naturais disponíveis em cada região. Por exemplo, em áreas com escassez de água, são utilizados métodos agrícolas tradicionais, que se baseiam na utilização óptima da água e dos recursos naturais. Ao fornecer conhecimentos tradicionais na preservação do ambiente, o papel das pessoas e comunidades locais. Nativas é muito importante. Com a sua experiência na preservação do ambiente e na utilização dos conhecimentos tradicionais, estas pessoas podem atuar como conselheiros e guias para outras pessoas e comunidades. Além disso, fornecer estes conhecimentos às comunidades locais pode ajudar a reforçar a sua identidade cultural e social e ajudar a preservar o ambiente nessa zona. Desta forma, a disponibilização de conhecimentos tradicionais na preservação do ambiente pode atuar como uma solução eficaz para preservar a biodiversidade e a sustentabilidade ambiental. Devido ao crescimento e desenvolvimento das fábricas e dos poluentes que lhes estão associados, a contabilidade ambiental tem atraído, nos últimos anos, a atenção de muitos investigadores contabilísticos e ambientalistas. Embora nos estudos anteriores as soluções para a indemnização dos danos ambientais tenham sido bem investigadas e utilizadas, as alterações espaciais, geográficas e temporais não foram discutidas, nem os métodos existentes que procuram reduzir os danos humanos e não humanos. A humanidade é causada pela poluição ambiental, que não é a resposta às necessidades da sociedade atual. Estes estudos e modelos de gestão optimizada dos custos ambientais têm conduzido a uma melhor implementação do sistema de gestão ambiental e têm benefícios importantes para a sociedade e para o sucesso da unidade empresarial. Este estudo mostra que, juntamente com o crescimento económico, aumenta a pressão sobre os sistemas e recursos naturais do planeta e, infelizmente, a economia continua a crescer, mas o ambiente, do qual a economia depende, não cresce. Conhecer os custos ambientais associados aos produtos de uma empresa ou organização é muito importante para tomar as decisões de gestão correctas. Estes estudos e modelos devem ser investigados para se obterem soluções compensatórias e informações exactas no domínio das políticas ambientais para futuras medidas compensatórias. Os resultados desta investigação mostraram que, atualmente, a contabilidade ambiental está a desenvolver-se e a progredir rapidamente e que a contabilidade do ambiente fornece informações que ajudam os gestores na avaliação, na tomada de decisões e na elaboração de relatórios. No início, procurou-se explicar a questão abordando o conceito principal de ecologia no domínio da arquitetura. De seguida, são apresentadas soluções através do estudo da patologia que tem ocorrido devido ao desenvolvimento urbano e aos danos causados pela negligência dos construtores ao ecossistema delicado e frágil das paisagens naturais e das cidades. Em seguida, através do estudo das práticas mais comuns no desenvolvimento urbano moderno, torna-se claro que a aplicação da abordagem da ecologia da paisagem e do desenvolvimento sustentável, tendo em conta as condições específicas do local, pode ter efeitos e resultados positivos no desenvolvimento das cidades. Com o aumento da população da Terra, o consumo de energia está a aumentar de dia para dia. O calor resultante do consumo de energia fóssil está a tornar-se mais intenso e insuportável de dia para dia. De acordo com a publicação de estatísticas da Agência Internacional da Energia, mais de 35% das diferentes fontes de energia dos países são consumidas em edifícios residenciais, de escritórios, comerciais, etc. A infraestrutura de dados espaciais (IDE), enquanto ferramenta transformadora na investigação e gestão ambiental, oferece um grande potencial para melhorar os processos de tomada de decisões. Este documento realça o papel crítico da IDE na integração de diversos conjuntos de dados ambientais e permite uma compreensão abrangente de sistemas ambientais complexos. Ao utilizar a visualização e análise geográficas, permite que as partes interessadas tomem decisões informadas e enfrentem eficazmente os desafios ambientais. As informações mostram que o ambiente urbano é a vida da cidade e que a sua qualidade está diretamente relacionada com a qualidade da vida humana. Tem um habitante da cidade. O estabelecimento de um equilíbrio entre o ambiente e outros factores físicos e não físicos da cidade é considerado uma das necessidades básicas de uma cidade sustentável. A tendência crescente das cidades, o aumento da população e as actividades humanas destrutivas no contexto do ambiente têm atraído cada vez mais atenção para o ambiente urbano. Os seres humanos devem prestar atenção ao impacto do seu comportamento face ao ambiente e tomar medidas para preservar o ambiente urbano, reduzindo as acções nocivas, e uma das formas é examinar a cultura existente e criar uma cultura correcta, de modo a preservar e aumentar a qualidade do ambiente urbano é considerada uma das questões mais importantes para aqueles que se preocupam com a cidade e o planeamento urbano. A investigação sobre práticas ambientais e desenvolvimento urbano sustentável na Ásia mostrou que as políticas de ecologização urbana não só ajudam a melhorar o ambiente, como também têm efeitos significativos nos domínios da governação, da economia e da sociedade. Vários factores, como o desenvolvimento económico, a inovação tecnológica, a dimensão da cidade, a estrutura industrial e o nível de educação, afectam o nível de ecologização urbana. A investigação no domínio das emissões de dióxido de carbono demonstrou que o desenvolvimento urbano inteligente e a utilização de energias renováveis podem conduzir à redução das emissões de dióxido de carbono e ao desenvolvimento sustentável. Além disso, a tecnologia de armazenamento de carbono permite que os países do Sudeste Asiático utilizem combustíveis fósseis e mantenham um crescimento económico sustentável. As políticas a médio e a curto prazo, incluindo o aumento da adoção da energia nuclear e a redução do apoio aos combustíveis fósseis, têm sido salientadas como soluções eficazes para reduzir as emissões de gases com efeito de estufa. Além disso, a modernização das indústrias e o investimento em investigação e desenvolvimento não só conduzirão à redução dos gases com efeito de estufa, como também reforçarão a economia verde. A utilização de infra-estruturas verdes pode também ser eficaz para fazer face às inundações e melhorar a qualidade da água nas cidades do Sudeste Asiático. Estas investigações mostram a importância das políticas ambientais para o desenvolvimento sustentável e podem servir como recursos úteis para os decisores a nível nacional e internacional. Hoje em dia, com a expansão da ciência e a disponibilidade de novas tecnologias espaciais e de satélites, foram criadas soluções eficazes e menos dispendiosas para a realização de todos os tipos de actividades de comunicação, monitorização, proteção e assistência. Entre as características dos nanossatélites contam-se o aumento da velocidade em todos os tipos de operações e a redução dos custos. Os satélites cúbicos podem desempenhar um bom papel na monitorização ambiental. Para conceber um satélite cúbico, é necessário o desenho concetual e do sistema do satélite, no qual são determinados os requisitos, as limitações e as tarefas. Depois, o projeto é feito de acordo com as características gerais do sistema, que incluem características operacionais, de massa, de potência e dimensionais. Hoje em dia, devido ao facto de a deposição em aterro sem respeitar as questões ambientais representar muitas ameaças para o ambiente e o clima, é necessário escolher o local certo e o aterro sanitário para os resíduos. A deposição em aterro é uma das melhores formas de gerir os resíduos sólidos urbanos. No entanto, se o aterro não tiver uma conceção adequada e não dispuser de elementos de engenharia, pode levar à poluição das águas subterrâneas, das águas superficiais, do solo e do ar. Por conseguinte, deve ser dada especial atenção à gestão dos aterros sanitários durante e após o fim do processo de enterramento. Essas medidas reduzirão e controlarão as ameaças ambientais. O estado de saúde e a saúde de cada pessoa, de cada sociedade e de cada nação são determinados pela influência mútua e pela integração do efeito de dois ambientes: um é o ambiente interno da pessoa e o outro é o ambiente que a rodeia. De acordo com os conceitos modernos, a doença ocorre devido à rutura do equilíbrio sensível entre o homem e o seu ambiente. Entre os três factores ecológicos, ou seja, o hospedeiro, o ambiente e o agente patogénico que causam a doença, o agente patogénico é normalmente identificado com a ajuda do laboratório. O hospedeiro está disponível para investigação, mas o ambiente de onde o doente provém é geralmente desconhecido. No entanto, muitas vezes a chave para descobrir a natureza da doença, a sua ocorrência, prevenção e controlo está no ambiente. Sem o conhecimento do ambiente, a referida chave pode não estar disponível para os médicos que estão ansiosos por tratar, prevenir e combater a doença. A engenharia sanitária ambiental é, na verdade, a aplicação de métodos técnicos para promover e melhorar as condições de saúde da sociedade. A maior parte da sua atividade científica centra-se na execução de projectos de abastecimento de água e de instalações de eliminação de esgotos. Os países activos no domínio da saúde ambiental estão a avançar lentamente. Muitos dos problemas de saúde dos países devem-se a defeitos ambientais. Os factores ambientais básicos e fundamentais para a saúde das pessoas e da sociedade são alguns dos aspectos que são explicados. Atualmente, a crise energética é um dos problemas globais mais importantes. A importância de reduzir as energias não renováveis devido ao consumo significativo de energia dos edifícios e aos recursos limitados dos combustíveis fósseis cria a necessidade de tender a beneficiar das energias renováveis. A base mais fundamental do desenvolvimento sustentável é a energia. O aquecimento global e as alterações climáticas têm sido questões crescentes nas últimas décadas. Sendo os edifícios residenciais e comerciais os maiores consumidores de energia, os recursos estão a esgotar-se a um ritmo muito mais rápido nas últimas décadas. Sempre houve diferenças e distinções claras e proeminentes entre "lugar" e "mecanismo" na cultura filosófica da arquitetura. O lugar é o lugar que nos permite "tornarmo-nos" e que evoca as nossas memórias. Só os humanos podem ter memórias de um lugar e apaixonar-se por essas memórias. Para além da atenção prestada à luz natural como fonte de energia renovável, de baixo custo e amiga do ambiente no final do século XX, foram estudados vários estudos sobre O efeito da luz natural na alma e no corpo humano e todos estes estudos sublinham o seu papel inegável. A luz natural no comportamento, na atitude e na eficiência das pessoas. Mas apesar de se conhecerem os efeitos da luz natural no ser humano e no ambiente, a fonte de iluminação na maioria dos edifícios continua a limitar-se à luz artificial e a maioria das soluções utilizadas na arquitetura antiga em termos de utilização. Atualmente, a luz natural está esquecida. As necessidades físicas e psicológicas dos residentes, incluindo o conforto visual e térmico, a saúde, a introdução da diversidade e o aumento da qualidade do espaço. Como veremos, esta investigação descreve os métodos que tentaram equilibrar as necessidades físicas e psicológicas dos residentes e fornecer a energia necessária. Os recursos fósseis do mundo têm desempenhado um papel fundamental e importante no fornecimento de energia desde há muito tempo. A conveniência de utilizar este tipo de energia tem atraído mais atenção devido ao seu baixo custo, acessibilidade e necessidade de menos instalações. A influência da energia solar na arquitetura dos edifícios é inegável. Desde a sétima década do século XX, muitos termos e definições surgiram e tentaram descrever um estilo arquitetónico baseado nos princípios da adoção das condições climáticas e da exploração do potencial de fontes de energia como a luz solar. A teoria da arquitetura centra-se geralmente na inter-relação entre a construção de edifícios e as formas arquitectónicas. A vida das pessoas e dos edifícios mudou muito nas últimas duas décadas. Em princípio, pode afirmar-se que, salvo um punhado de excepções, os edifícios de hoje não são o tipo de habitats a que pertencem atualmente. Com os progressos no domínio dos materiais, produtos e soluções de construção inovadoras, é necessário avançar para edifícios com maior eficiência e melhor rendimento económico e compatíveis com o ambiente. A energia é um requisito básico no cenário atual devido ao aumento da industrialização e do nível de vida humano. A utilização de energia na ventilação e no ar condicionado dos edifícios são os principais factores de utilização de energia. Podem ser utilizadas opções de energia renovável como a iluminação solar através de tubos de luz, a ventilação e o ar condicionado através de chaminé solar, parede de Trombe, EATHE, BHE e as suas abordagens integradas. O seu desempenho também pode ser melhorado através da integração de métodos de arrefecimento evaporativo e de arrefecimento por absorção. A ACH necessária pode ser obtida a uma temperatura ambiente entre 14 e 27 °C, que é facilmente produzida por abordagens integradas. Com estas abordagens, podemos poupar o consumo de energia comercial e evitar a destruição do ambiente. Atualmente, o

A construção de edifícios ecológicos é considerada uma questão importante e fundamental devido ao aumento do consumo de recursos não renováveis, à criação de custos de consumo de energia e à poluição ambiental. O edifício verde cria uma espécie de estabilidade entre o ambiente e a arquitetura do edifício, acabando por criar um ambiente limpo e reduzir o consumo de energia. O objetivo da criação de edifícios verdes é melhorar o clima e evitar os efeitos negativos da construção no ambiente. A construção verde refere-se basicamente a uma construção amiga do ambiente. Atualmente, os edifícios ecológicos ainda representam uma pequena parte da indústria de construção global. Ao mesmo tempo, os edifícios altos estão a crescer em locais densamente povoados, mas estes edifícios consomem muita energia e recursos. Por conseguinte, a construção de edifícios altos ecológicos é de grande importância. Uma das nossas preocupações actuais é a falta de reservas de energia no planeta. Por isso, têm sido utilizados vários métodos para reduzir e otimizar o consumo de energia. Os edifícios são considerados uma das maiores fontes de desperdício de energia, que em caso de consumo excessivo e contínuo de energia, para além de alimentar o problema da crise energética no mundo, causam também poluição ambiental. A vida das pessoas e dos edifícios mudou muito nas últimas duas décadas. Em princípio, pode afirmar-se que, salvo algumas excepções, os edifícios de hoje não são o tipo de habitats a que pertencem atualmente. Com os progressos no domínio dos materiais, produtos e soluções de construção inovadoras, é necessário avançar para edifícios com maior eficiência e melhor rendimento económico e compatíveis com o ambiente. O conceito aceite e os exemplos de arquitetura de poupança de energia constituíram a base para melhorar a eficiência energética e as condições do microclima térmico do edifício e reduzir as suas emissões de gases com efeito de estufa. A localização, a forma, a direção e as dimensões adequadas do edifício, das suas divisões e áreas, especialmente das janelas e portas, são determinadas. São considerados os efeitos diários, sazonais e ao longo de todo o ano sobre o edifício da energia renovável, da radiação solar recebida e do ambiente - a energia do ar exterior, do solo das fundações, do vento, do céu e das superfícies viradas para o edifício. Os edifícios com pequenas superfícies de cobertura térmica, como a yurt nacional do Quirguistão e um globo, não têm pontes térmicas arquitectónicas que causem perturbações no microclima e o crescimento de bolor. O edifício solar passivo de fardos de palha tem o mesmo desempenho que o edifício de energia quase nula e o edifício verde. Tem o menor consumo de energia, emissões de dióxido de carbono, energia incorporada e baixa pegada de carbono dos fardos de palha, estruturas de madeira e estuque de argila. Identificar o progresso da habitação nos complexos do país pode levar à melhoria da qualidade de vida através de projectos que se adaptem às necessidades dos utilizadores. A utilização de habitação social é uma solução que tem vindo a receber atenção no país desde o passado. As tendências da arquitetura sustentável influenciam a escolha dos materiais, tanto no interior como no exterior, tornando a madeira um material preferido. Um número crescente de arquitectos, promotores, governos, instituições de ensino e empresas estão a adotar a madeira, uma vez que esta substitui outros materiais de construção em muitas estruturas, proporcionando o mesmo desempenho. Uma combinação de preocupações crescentes com o aquecimento global e a sustentabilidade; um desejo crescente de preservar a cultura tradicional vietnamita; Os recentes avanços científicos e tecnológicos tornaram a madeira um recurso de construção mais versátil. Além disso, a pressão internacional para aumentar a utilização da madeira na construção torna a arquitetura em madeira do Vietname muito adequada para a expansão. A educação e a avaliação da criatividade é um problema que o ensino da arquitetura está a enfrentar. Considerando que a criatividade tem muitas definições, mas nenhuma delas é aceite. É necessário, devido à limitação de locais adequados para a eliminação de todos os tipos de resíduos e, por outro lado, aos efeitos adversos da deposição em aterro e de outros métodos de remoção ou controlo de resíduos na saúde pública e no ambiente, avançar para uma gestão optimizada dos resíduos com vista ao desenvolvimento sustentável dos principais objectivos das sociedades desenvolvidas e em desenvolvimento. As leis ambientais existentes na maioria dos países desenvolvidos exigiram que os responsáveis pela gestão de resíduos cumprissem os princípios da eliminação de resíduos de engenharia sanitária. A elevada geração de receitas da indústria de reciclagem de resíduos incentivou alguns países a importar resíduos, reciclá-los e exportá-los para outros países, o que permitiu a obtenção de elevadas divisas e a criação de empregos directos e indirectos. A qualidade da água depende dos seus parâmetros biológicos e físico-químicos. As alterações de parâmetros como o pH, a temperatura e os metais vestigiais essenciais e não essenciais presentes na água podem torná-la imprópria para utilização humana. Além disso, as características ambientais locais, os processos geológicos, a geoquímica e as propriedades hidrológicas das fontes de água também afectam a qualidade da água. Em geral, a nível mundial, as águas subterrâneas são utilizadas para fins de consumo humano. A superfície é também utilizada para uso humano e para fins industriais. Há várias actividades naturais e humanas responsáveis pela poluição da água por metais pesados. As fontes industriais, a indústria de transformação de alimentos, a transformação de plásticos, a metalurgia, o curtimento de peles, etc., são responsáveis pela poluição da água por metais pesados. Os resíduos domésticos e agrícolas são também responsáveis pela poluição da água por metais perigosos. A água contaminada com iões de metais pesados como o crómio (VI), o cádmio (II), o chumbo (II), o arsénio (V e III), o mercúrio (II), o níquel (II) e o cobre (II) é responsável por vários problemas de saúde nos seres humanos. Estes incluem insuficiência hepática, lesões renais, cancro do estômago e da pele, perturbações cerebrais e efeitos nocivos no sistema reprodutor. Por conseguinte, é necessário avaliar a contaminação por metais pesados na água e a sua remoção. Existem vários métodos físico-químicos para remover metais pesados da água, mas estes métodos são dispendiosos e produzem grandes quantidades de poluentes secundários. Os métodos biológicos são considerados métodos rentáveis e amigos do ambiente para a recuperação de metais poluentes da água. Nesta revisão, centramo-nos na poluição da água com metais pesados tóxicos, na sua toxicidade e em abordagens de bioremediação amigas do ambiente. Uma das questões mais importantes do mundo atual é a discussão sobre o ambiente e a sua proteção. A importância das questões ambientais decorre do seu impacto direto na vida humana. Nas religiões divinas, conhecer os princípios ambientais, evitar a destruição do ambiente e tentar torná-lo saudável são alguns dos direitos ambientais mais importantes. Uma das religiões divinas é o Islão, que não se limita a exprimir crenças, regras e regulamentos de ética. Os investigadores da história, ciência que estuda a vida e as actividades económicas, políticas, culturais, etc. das sociedades humanas no passado, em resultado das crescentes preocupações ambientais no final do século XX, têm-se concentrado gradualmente nas interacções entre os seres humanos e o ambiente. As ideias relacionadas com a proteção da natureza, a resposta a catástrofes naturais e a descontaminação ou medidas preventivas em relação às mesmas, a exploração de recursos e os efeitos ambientais do desenvolvimento têm sido os principais tópicos que o desenvolvimento da história ambiental (tradução literal de environmental history em inglês) tem vindo a descobrir Este ramo da ciência estuda as interacções entre as sociedades e o ambiente no passado. Desta forma, integra elementos não humanos na história e quebra a estrutura da longa tradição do Ocidente na separação entre "sabedoria, sociedade e cultura", por um lado, e "natureza", por outro. A proteção do ambiente é um esforço com o objetivo de preservar a saúde do ambiente e o ser humano, a nível pessoal, organizacional ou governamental, protege o ambiente natural. A questão do ambiente está a tornar-se cada vez mais importante na vida humana. O aumento da população do planeta, o desenvolvimento da civilização industrial e mecânica produziu efeitos inevitáveis e, acima de tudo, ameaçou a saúde do ambiente. Todos os dias somos confrontados com notícias terríveis de que, devido a factores naturais ou a acções humanas, o ambiente e a vida dos seres humanos e de outros seres vivos foram expostos a novos danos. Um breve olhar sobre alguns destes casos ilustra a profundidade da catástrofe. As alterações climáticas são um dos maiores desafios que a comunidade internacional está a enfrentar. Estas alterações, devidas a actividades humanas como a emissão de gases com efeito de estufa e a destruição do ambiente, conduziram a grandes mudanças no clima global e no padrão meteorológico. Estas alterações climáticas têm efeitos abrangentes no ambiente e na vida humana, que incluem o aumento das temperaturas, a alteração dos padrões de precipitação, a fusão dos glaciares, o aumento do nível do mar, a redução da biodiversidade e a ameaça à saúde humana. Os actuais desafios ambientais, incluindo as alterações climáticas, a poluição atmosférica e a perda de biodiversidade, são considerados desafios fundamentais para as sociedades globais. Devido ao crescimento demográfico, ao desenvolvimento industrial e às alterações ambientais, estes desafios têm um grande impacto na economia, na sociedade e no ambiente. Para gerir estes desafios, é necessário utilizar abordagens modernas e novas tecnologias. Vários quadros comparativos mostram que soluções como a utilização de fontes de energia renováveis, tecnologias de purificação da água e do ar e a criação de políticas ambientais eficazes podem ajudar a reduzir os efeitos negativos destes desafios. No entanto, é necessária a cooperação internacional e o desenvolvimento de tecnologias e soluções eficazes para gerir estes desafios. Estas medidas podem ajudar a preservar a biodiversidade, preservar o ambiente e melhorar a qualidade de vida das comunidades globais. Por conseguinte, o desenvolvimento de soluções abrangentes e eficazes para gerir os desafios ambientais é muito importante e exige os esforços conjuntos da comunidade mundial. O direito do ambiente é um dos principais ramos do direito público, que ocupa um lugar especial em diferentes sistemas jurídicos e fundações de diferentes países, e a importância deste domínio deve-se ao facto de o desenvolvimento sustentável, enquanto conceito fundamental no mundo de hoje, depender de uma comunicação alargada com este domínio. Trata-se de um domínio jurídico. Este domínio atingiu um nível de importância tal que foi reconhecido como um processo necessário nas convenções internacionais. Recentemente, os direitos ambientais foram identificados no âmbito do direito público no sistema iraniano, tendo mesmo sido prevista a punição penal da sua violação. O que tem sido o lugar da vida humana e de muitos outros seres vivos, e que se chama ambiente, tem enfrentado muitos desafios e mudanças desde a revolução industrial até aos nossos dias. Por outro lado, o direito a um ambiente saudável, enquanto direito básico e fundamental, tanto para a geração atual como para a geração futura, conquistou o seu lugar no conjunto dos direitos humanos. Esta questão atraiu a atenção dos governos, tanto a nível nacional como internacional, e levou à compilação de documentos e leis importantes neste domínio. Os residentes destes aglomerados carecem muitas vezes de educação ou de capacidade profissional e das competências necessárias para obter melhores oportunidades de emprego, o que os impede de serem empregados na cidade. Assim, a marginalização é geralmente uma forma de marginalização económica no sentido de emprego no sector informal e de falta de absorção no sistema económico urbano. A marginalização e o assentamento informal é um fenómeno que surgiu na sequência de mudanças estruturais e de questões e problemas económico-sociais, tais como a urbanização rápida e as migrações rurais desenfreadas na maioria dos países do mundo, especialmente nos países do terceiro mundo. Este problema urbano não é apenas um problema físico, mas é causado por factores macroestruturais a nível nacional e regional. A marginalização ocorre principalmente após a revolução industrial e na sequência do rápido crescimento da urbanização. Neste processo, os imigrantes e as pessoas que não têm a capacidade de serem absorvidas pelo corpo da cidade, recorrem ao estabelecimento de assentamentos não convencionais em torno dos limites da cidade, o que leva ao surgimento de bairros periféricos da cidade. Muitas cidades do nosso país estão também confrontadas com este fenómeno. A presença crescente desta forma de aglomerados urbanos nas últimas décadas no Irão indica a ineficácia dos instrumentos e políticas aplicados nas últimas décadas para lidar com eles. A urbanização pode ser um passo efetivo para melhorar o ambiente e, assim, melhorar a qualidade de vida dos cidadãos. De acordo com as condições económicas, sociais, culturais e políticas do país, existem desafios que o ambiente do país enfrenta, cuja investigação e identificação podem determinar uma solução para gerir e melhorar a qualidade do ambiente do país. O contexto urbano é composto por volumes dispersos, desprovidos de valores culturais, sociais e económicos, o que torna mais visível a crise de identidade do planeamento urbano e da arquitetura, enquanto as pessoas precisam de mudanças nas cidades, parte destes problemas deve-se às políticas de construção do Ministério da Habitação e do Desenvolvimento Urbano e dos municípios e outra parte à estrutura da propriedade fundiária nas cidades-alvo. Cuidar do habitat e dos ambientes em que a vida acontece em geral significa um esforço para proteger e apoiar a saúde e melhorar a atmosfera e o espaço desejado e as pessoas nas dimensões e aspectos individuais, organizacionais e administrativos ou públicos, protege e preserva a atmosfera natural. A manutenção e a proteção do habitat e da natureza exigem cuidado e atenção a várias acções e esforços humanos. A criação de resíduos e detritos, a impureza da atmosfera e do clima, e a destruição de várias espécies vegetais e animais são algumas das componentes relacionadas com a preservação e o cuidado do espaço biológico. Análise dos padrões de urbanização e desenvolvimento urbano no século XXI e seu impacto no meio ambiente. É um fator fundamental e vital que exige a eficiência dos recursos naturais e a sua gestão inteligente. Atualmente, os danos ambientais têm dimensões muito amplas. Por vezes, os danos e os riscos são tão vastos que, em caso de danos, a indemnização ultrapassa a responsabilidade da pessoa responsável. A instituição do seguro de danos ambientais é uma das instituições importantes para proteger e melhorar o ambiente, a fim de cobrir os riscos ambientais contra a poluição e os danos. Neste artigo, procurou-se analisar e avaliar o papel da seguradora, a responsabilidade causada pela poluição causada por indivíduos e os danos que ocorrem devido à poluição, analisando os tipos de danos e riscos no domínio do ambiente com o método analítico-descritivo. Além disso, através da análise desta instituição, procurou-se fornecer soluções e propostas práticas adequadas neste domínio. A questão fundamental é saber qual é o lugar do seguro no ambiente e que soluções existem para aumentar a segurabilidade dos danos ambientais. Os conflitos armados, independentemente do seu título e de onde quer que ocorram na Terra, têm várias consequências, uma das mais importantes das quais é a destruição e os danos causados ao ambiente, que Para proteger o ambiente nos conflitos armados internacionais, foram explicados os princípios e as regras da responsabilidade internacional dos governos causada pela destruição do ambiente nos conflitos e a sua obrigação de compensar os danos. Atualmente, estes domínios estão geralmente sujeitos às regras gerais de responsabilidade internacional do direito internacional geral, o que, devido aos progressos significativos do direito internacional do ambiente e do direito penal internacional nas últimas décadas, torna necessário o desenvolvimento de regras específicas de responsabilidade internacional para proteger o ambiente nos conflitos armados internacionais. E é necessário. O comércio livre é um conceito que tem sido objeto de tentativas para obter uma definição definitiva e vinculativa sob a forma de documentos internacionais. Os documentos comerciais internacionais são acordos que foram estabelecidos na sequência de relações multilaterais a nível mundial e regional.

Atualmente, o melhor documento internacional de comércio multilateral é o acordo da Organização Mundial do Comércio. A globalização é uma era de contradições que trouxe mudanças rápidas e problemas contínuos à sociedade humana em diferentes dimensões. Trata-se do crescimento da interdependência entre as economias e as sociedades através da globalização da informação, da tecnologia, dos serviços, do capital e do investimento, o que tem desafiado a capacidade tradicional dos governos para controlar este fenómeno. A elevada velocidade da integração económica conduziu à formação de mercados e economias globais interdependentes, e lidar com os efeitos negativos desta situação exige a sincronização de políticas jurídicas em diferentes dimensões. Uma das dimensões desta coordenação é no domínio dos direitos ambientais, devido aos interesses comuns e aos interesses da comunidade mundial na sua proteção jurídica. Com a aquisição da ciência e da indústria pelo homem e a utilização dos recursos hídricos para a extração de petróleo e de minerais e o seu comércio através dos mares, despertou a atenção da comunidade mundial para a preservação do ambiente dos mares e, para proteger este ambiente aquático, foram emitidas orientações e exigências. Através de convenções e conferências internacionais, os países do mundo consideram que este trabalho pode constituir um obstáculo à poluição marinha e proteger o ambiente dos mares. As convenções internacionais para a proteção do ambiente marinho reconheceram aos países de pavilhão e aos países costeiros a responsabilidade civil e penal internacional e comprometeram-nos a proteger o ambiente marinho e a prevenir a poluição marinha. Relativamente a este tipo de poluição, como a poluição causada por terra ou a poluição causada por resíduos, a poluição causada pela navegação, etc., apresentou soluções e pediu aos países costeiros da região que tomassem as medidas necessárias para preservar o ambiente desse mar. A Comissão Europeia, através de convenções regionais e do estabelecimento de regras, deveria ter lugar e obrigar os países costeiros dessa região a preservar o ambiente marinho e a prevenir a poluição. Mas, apesar de todas estas convenções internacionais para preservar o ambiente dos mares, é preciso ver até que ponto funcionaram.

**Referências**

Baker A, Cumberland SA, Bradley C et al (2015), até que ponto pode a espetroscopia de fluorescência portátil ser utilizada na avaliação em tempo real da qualidade microbiana da água? Sci Total Environ 532:14-19. https://doi.org/10.1016/j.scitotenv.2015.05.114

Bedell E, Harmon O, Fankhauser K et al (2022) Um sensor de fuorescência contínuo, in-situ e em tempo próximo, associado a um modelo de aprendizagem automática para a deteção do risco de contaminação fecal na água potável: Conceção, caraterização e validação em campo. Water Res 220:118644. https://doi.org/10.1016Zj.watres.2022.118644

Bogosian G, Sammons LE, Morris PJL et al (1996) Death of the Escherichia coli K-12 strain W3110 in soil and water. Appl Environ Microbiol 62:4114-4120. https://doi.org/10.1128/aem.62.11.4114-4120.1996

Bridgeman J, Baker A, Brown D, Boxall JB (2015) Instrumentos portáteis de fluorescência LED para a avaliação rápida da qualidade da água potável. Sci Total Environ 524-525:338-346. https://doi.org/10.1016/j.scitotenv.2015.04.050

Carstea EM, Bridgeman J, Baker A, Reynolds DM (2016) Fluorescence spectroscopy for wastewater monitoring: A review. Water Res 95:205-219. https://doi.org/10.1016Zj.watres.2016.03.021

Chen S, Yu YL, Wang JH (2018) Sistemas de deteção forescente baseados no efeito de filtro interno: Uma revisão. Anal Chim Ata 999:13-26.

https://doi.org/10.1016/j.aca.2017.10.026

Gaimster H, Summers D (2015) Regulation of indole signalling during the transition of E. coli from exponential to stationary phase. PLoS One 10:4-5. https://doi.org/10.1371/journal.pone.0136691

Gaimster H, Cama J, Hernández-Ainsa S et al (2014) The indole pulse: A new perspective on indole signalling in Escherichia coli. PLoS One 9. https://doi.org/10.1371/journal.pone.0093168

Garrett DS, Powers R, Gronenborn AM, Clore GM (1991) A common sense approach to peak picking in two-, three-, and four-dimensional spectra using automatic computer analysis of contour diagrams. J Magn Reson 95:214-220. https://doi.org/10.1016/jjmr.2011.09.007

Gilmore MS, Clewell DB, Ike Y, Shankar N (2014) Enterococci: From commensals to leading causes of drug resistant infection. Natl. Libr. Med. https://www.ncbi.nlm.nih.gov/books/NBK190424/pdf/Books    helf_NBK190424.pdf. Acedido em 2 de setembro de 2021

Gunter H, Bradley C, Hannah DM et al (2023) Avanços na quantificação da contaminação microbiana na água potável: Potential of fuorescence-based sensor technology. Wiley Interdiscip Rev Water 10:1-19. https://doi.org/10.1002/wat2.1622

Han TH, Lee JH, Cho MH et al (2011) Factores ambientais que afectam a produção de indol em Escherichia coli. Res Microbiol 162:108-116. https://doi.org/10.1016Zj.resmic.2010.11.005

Khalifa L, Brosh Y, Gelman D et al (2015) Visando os biofluxos de Enterococcus faecalis com terapia de fagos. Appl Environ Microbiol 81:2696-2705. https://doi.org/10.1128/AEM.00096-15

Kim J, Park W (2015) Indole: uma molécula de sinalização ou um mero subproduto metabólico que altera a fisiologia bacteriana numa concentração elevada? J Microbiol 53:421-428.

https://doi.org/10.1007/s12275-015-5273-3

Knappskog PM, Haavik J (1995) Fuorescência do triptofano da fenilalanina hidroxilase humana produzida em escherichia coli. Biochemistry 34:11790-11799.

https://doi.org/10.1021/bi00037a017

Kumar Panigrahi S, Kumar Mishra A (2019) Efeito de filtro interno na espetroscopia de fluorescência: Como um problema e como uma solução. J Photochem Photobiol C Photochem Rev 41:100318.

https://doi.org/10.1016/j.jphot ochemrev.2019.100318

Lakowicz JR (2006) Quenching of fuorescence. Springer, Boston, MA, Principles of fuorescence spectroscopy. https://doi.org/10.1007/978-0-387-46312-4 8. Acedido em 17 de novembro de 2022

Laplace JM, Thuault M, Hartke A et al (1997) Stress por hipoclorito de sódio em Enterococcus faecalis: Infuence of antecedent growth conditions and induced proteins. Curr Microbiol 34:284289. https://doi. org/10.1007/s002849900183

Lee JH, Lee J (2010) Indole como um sinal intercelular em comunidades microbianas. FEMS Microbiol Rev 34:426-444. https://doi.org/10.1111/j.1574-6976.2009.00204.x

Li G, Young KD (2013) A produção de indole pela triptofanase TnaA em escherichia coli é determinada pela quantidade de triptofano exógeno. Microbiol (Reino Unido) 159:402-410. https://doi.org/10. 1099/mic.0.064139-0

Logue JB, Stedmon CA, Kellerman AM et al (2016) Experimental insights into the importance of aquatic bacterial community composition to the degradation of dissolved organic matter. ISME J 10:533-545. https://doi.org/10.1038/ismej.2015.131

Maraccini PA, Mattioli MCM, Sassoubre LM et al (2016) Inativação solar de enterococos e escherichia coli em águas naturais: efeitos da absorvância da água e da profundidade. Environ Sci Technol 50:5068-5076. https://doi.org/10.1021/acs.est.6b00505

Mediomics (2021) Protocolo de ensaio Mediomics: Bridge-It® L-tryptophan fuorescence assay. www.mediomics.com. Acedido em 3 de fevereiro de 2021 Microbiology Info.com (2022) Indole testprinciple, reagents, procedure, result interpretation and limitations. MicrobiologyInfo.com. https://microbiologyinfo.com/indole-test-principle-reagents-procedureresult-interpretationand- limitations/. Acedido em 24 Abr 2022

Milo R, Jorgensen P, Moran U et al (2010) BioNumbers, a base de dados de números-chave em biologia molecular e celular. Nucleic Acids Res 38:750-753. https://doi.org/10.1093/nar/gkp889

NHMRC (2022) Guidelines for managing risks in recreational water. Conselho Nacional de Saúde e Investigação Médica, Comunidade da Austrália, Camberra. https://www.nhmrc.gov.au/about-us/publications/guidelines-managing-risks-recreational-water.
Acedido em 10 de outubro de 2022

NHMRC e NRMMC (2022) Australian drinking water guidelines paper 6 national water quality management strategy. Conselho Nacional de Saúde e Investigação Médica, Conselho Ministerial de Gestão dos Recursos Naturais, Commonwealth of Australia, Camberra. https://www.nhmrc.gov.au/about-us/publications/australian-drinking-water-guidelines.

Acedido em 10 de outubro de 2022

Nowicki S, Lapworth DJ, Ward JST et al (2019) A fuorescência do tipo triptofano como medida do risco de contaminação microbiana em águas subterrâneas. Sci Total Environ 646:782-791.

https://doi.org/10.1016/j.scito tenv.2018.07.274

Ofenbaume KL, Bertone E, Stewart RA (2020) Abordagens de monitorização de bactérias indicadoras fecais na água: Visionamento de um sensor remoto em tempo real para e. coli e enterococos. Water (Switzerland):12. https://doi.org/10.3390/w12092591

Paul Wood PE (2020) Treating for enterococci. Águas residuais Dig.

https://www.wwdmag.com/microorgan     ismsbacteria-viruses/treating-enterococci. Acedido em 25 Abr 2022

Reisner A, Haagensen JAJ, Schembri MA et al (2003) Development and maturation of Escherichia coli K-12 bioflms. Mol Microbiol 48:933-946. https://doi.org/10.1046/j.1365- 2958.2003.03490.x

Sezonov G, Joseleau-Petit D, D'Ari R (2007) Escherichia coli physiology in Luria-Bertani broth.
J Bacteriol 189:8746-8749. https://doi.org/10.1128/JB.01368-07

Sorensen JPR, Baker A, Cumberland SA et al (2018) Deteção em tempo real de água potável contaminada por fezes com fuorescência do tipo triptofano: definição de valores-limite. Sci Total Environ 622-623:1250-1257. https:ZZdoi.org/10.1016Zj.scitotenv.2017.11.162

Sorensen JPR, Nayebare J, Carr AF et al (2021) A espetroscopia de fuorescência in situ é um indicador mais rápido e resistente do risco de contaminação fecal na água potável do que os organismos indicadores fecais. Water Res 206:117734.

https://doi.orgZ10.1016/j.watres.2021.117734

Tallón P, Magajna B, Lofranco C, Leung KT (2005) Indicadores microbianos de contaminação fecal na água: uma perspetiva atual. Water Air Soil Pollut 166:139-166

Turner SR, Love RM, Lyons KM (2004) uma investigação in-vitro do efeito antibacteriano da nisina nos canais radiculares e na dentina radicular da parede do canal. Int Endod J 37:664-671.
Https://doi.org/10.1111/j. 1365-2591.2004.00846.x

UNICEF (2019) UNICEF target product profle rapid E. Coli detection tests. UNICEF. https://www.    unicef.org/supply/media/2511/fle/Rapid-coli-detection-TPP-2019.pdf. Acedido em 1 de junho de 2020 Agência de Proteção Ambiental dos Estados Unidos (EPA) (2021) Indicators: enterococci.
Natl    Aquat    Resour    Surv.    https://www.epa.gov/national-aquatic-resource-surveys/indicators- enterococos

Walck MA (2017) Diagnóstico rápido e in situ de bactérias vivas/mortas. In: Programa de bolsistas de pesquisa de graduação. Texas A&M University College Station. https://hdl.handle.net/1969.1/157700. Acedido em 29 de maio de 2018

Wang T, Zeng LH, Li DL (2017) Uma revisão dos métodos de correção do efeito de filtro interno do espetro de fluorescência. Appl Spectrosc Rev 52:883-908.
https://doi.org/10.1080/05704 928.2017.1345758

Wünsch UJ, Murphy KR, Stedmon CA (2015) rendimentos quânticos de fuorescência da matéria orgânica natural e compostos orgânicos: implicações para a interpretação da composição da matéria orgânica baseada na fluorescência. Front Mar Sci 2:1-15.
https://doi.org/10.3389/fmars.2015.00098

Yap PY, Trau D (2019) Contagem direta de células E.coli a OD600. Tip Biosyst.

https://tipbiosystems.com/wpcontent/uploads/2020/05/AN102-E.coli-Cell-ount_2019_04_25.pdf. Acedido em 27 de janeiro de 2021

Yin H, Wang Y, Yang Y et al (2020) A fuorescência do tipo triptofano como uma impressão digital das ligações incorrectas de tempo seco no sistema de drenagem de tempestades. Environ Sci Eur 32. https://doi.org/10.1186/s12302- 020-00336-3

Zu F, Yan F, Bai Z et al (2017) a extinção da fluorescência de pontos de carbono: Uma revisão sobre mecanismos e aplicações. Microchim Ata 184:1899-1914. https://doi.org/10.1007/s00604- 017-2318-9

Abiodun OI, Jantan A, Omolara AE et al (2018) Estado da arte em aplicações de redes neurais artificiais: A survey. Heliyon 4:e00938. https://doi.org/10.1016/j.heliyon.2018.e00938

Agrawal P, Fong S, Friesen D, Narasimhan S (2023) Maximum Likelihood Estimation to Localize Leaks in Water Distribution Networks. J Pipeline Syst Eng Pract 14:04023038. https://doi.org/10.1061/JPSEA2.

PSENG-1494 Almeida FCL, Brennan MJ, Joseph PF et al (2015) Para uma medição in-situ da velocidade da onda em tubos de distribuição de água de plástico enterrados para efeitos de localização de fugas. J Sound Vib 359:40-55. https://doi.org/10.1016/j.jsv.2015.06.015

Almheiri Z, Meguid M, Zayed T (2020) Intelligent Approaches for Predicting Failure of Water Mains (Abordagens inteligentes para a previsão de falhas em condutas de água). J Pipeline Syst Eng Pract 11:04020044. https://doi.org/10.1061/(asce)ps.1949-1204.0000485

Budach L, Feuerpfeil M, Ihde N et al (2022) The efects of data quality on machine learning performance. arXiv preprint arXiv:220714529.

https://doi.org/10.48550/arXiv.2207.14529

Bui Quy T, Kim J-M (2020) Deteção de fugas numa conduta de gás utilizando o retrato espetral de sinais de emissão acústica. Measurement 152:107403. https://doi.org/10.1016Zj.measurement.2019.107403

Candelieri A, Conti D, Archetti F (2014a) Melhorar a análise na gestão da água urbana: A Spectral Clustering-based Approach for Leakage Localization. Procedia Soc Behav Sci 108:235248. https:// doi.org/10.1016/j.sbspro.2013.12.834

Candelieri A, Soldi D, Conti D, Archetti F (2014b) Localização Analítica de Fugas em Redes de Distribuição de Água através de Agrupamento Espectral e Máquinas de Vectores de Suporte. Icewater Approach Procedia Eng 89:1080-1088. https://doi.org/10.1016/j.proeng.2014.11.228

Chai T, Draxler RR (2014) Erro quadrático médio (RMSE) ou erro absoluto médio (MAE)? - Argumentos contra evitar o RMSE na literatura. Geosci Model Dev 7:1247-1250. https://doi .org/10.5194/ gmd-7-1247-2014

Chicco D, Warrens MJ, Jurman G (2021) O coefciente de determinação R-quadrado é mais informativo do que SMAPE, MAE, MAPE, MSE e RMSE na avaliação da análise de regressão. PeerJ Comput Sci 7:1-24. https://doi.org/10.7717/PEERJ-CS.623

Cody RA, Narasimhan S (2020) A feld implementation of linear prediction for leak-monitoring in water distribution networks (Uma implementação de previsão linear para monitorização de fugas em redes de distribuição de água). Adv Eng Inform 45:101103. https://doi.org/10.1016/j.aei.2020.101103

Cortes C, Vapnik V (1995) Support-vetor networks. Mach Learn 20:273-297. https://doi .org/10.1007/ BF00994018

Covas D, Ramos H, de Almeida AB (2005) Standing Wave Diference Method for Leak

Detection in Pipeline Systems. J Hydraul Eng 131:1106-1116. https://doi .org/10.1061/(asce)0733-9429(2005)131: 12(1106)

Cui X, Gao Y, Ma Y et al (2023) Estimativa do atraso temporal utilizando filtros LMS em cascata fundidos por coeficiente de correlação para localização de fugas em condutas. Mech Syst Signal Process 199:110500. https://doi.org/10. 1016/j.ymssp.2023.110500

El-Abbasy MS, Mosleh F, Senouci A et al (2016) Locating leaks in water mains using noise loggers. J Infrastruct Syst 22:04016012. https://doi.org/10.1061/(asce)is.1943-555x.0000305

El-Zahab S, Al-Sakkaf A, Mohammed Abdelkader E, Zayed T (2022) Um modelo baseado na aprendizagem automática para a deteção de fugas em tempo real em edifícios utilizando acelerómetros. J Vibr Control 107754632110662. https://doi.org/10.1177/10775463211066247

El-Zahab S, Mohammed Abdelkader E, Zayed T (2018) Um sistema de deteção de fugas baseado em acelerómetros. Mech Syst Signal Process 108:58-72. https://doi.org/10.1016/j.ymssp.2018.02.030

Fahimipirehgalin M, Trunzer E, Odenweller M, Vogel-Heuser B (2021) Deteção visual automática de fugas e localização de condutas em fábricas de processos químicos utilizando técnicas de visão artificial. Engineering 7:758-776. https://doi.org/10.1016Zj.eng.2020.08.026

Fan X, Yu X (2021) Uma estrutura inovadora baseada em aprendizado de máquina para deteção e localização de vazamentos na rede de distribuição de água. Struct Health Monit. https://doi.org/10.1177/14759217211040269

Fan X, Zhang X, Yu XB (2021) Modelo e estratégia de aprendizagem automática para a deteção rápida e exacta de fugas na rede de abastecimento de água. J Infrastruct Preserv Resil 2:1-21.

https://doi.org/10.1186/ s43065-021-00021-6

Gao Y, Piltan F, Kim J-M (2022) Uma abordagem híbrida de localização de fugas utilizando a emissão acústica para condutas industriais. Sensors 22:3963. https://doi.org/10.3390/s22103963

Gupta A (2017) Hong Kong está a desperdiçar um terço da sua água.

https://chinadialogue.net/en/cities/9803-hongkong-is-wasting-a-third-of-its-water/.

Acedido em 17

Jul 2023

Guru Manikandan K, Pannirselvam K, Kenned JJ, Suresh Kumar C (2021) Investigações sobre a adequação do acelerómetro baseado em MEMS para medições de vibração. Mater Today: Proc 45:6183-6192. https:// doi.org/10.1016/j.matpr.2020.10.506

Guyon I, Weston J, Barnhill S, Vapnik V (2002) Gene selection for cancer classifcation using support vetor machines. Mach Learn 46:389-422. https://doi.org/10.1023/A:1012487302797

Hodson TO (2022) Root-mean-square error (RMSE) ou mean absolute error (MAE): Quando utilizá-los ou não. Geosci Model Dev 15:5481-5487. https://doi.org/10.5194/gmd-15-5481-2022

Hu Z, Tariq S, Zayed T (2021) Uma revisão abrangente do método de localização de fugas baseado na acústica em condutas pressurizadas. Mech Syst Signal Process 161:107994.

https://doi.org/10.1016/j.ymssp.2021.107994

Jain DK, Dubey SB, Choubey RK et al (2018) Uma abordagem para a classificação de imagens hiperespectrais através da otimização do SVM utilizando um mapa auto-organizado. J Comput Sci 25:252-259. https://doi.org/10.1016/jjocs.2017. 07.016

Jin H, Zhang L, Liang W, Ding Q (2014) Modelo integrado de deteção e localização de fugas para gasodutos com base no método de ondas acústicas. J Loss Prev Process Ind 27:74-88. https://doi.org/10.1016/). jlp.2013.11.006

Jin Y, Wang H, Sun C (2021) Introdução ao aprendizado de máquina. Otimização evolutiva orientada a dados: integrando computação evolutiva, aprendizado de máquina e ciência de dados, pp IO3- 145. https://doi.org/10. 1007/978-3-030-74640-7 4

Kousiopoulos G-P, Kampelopoulos D, Karagiorgos N et al (2022) Acoustic Leak Localization Method for Pipelines in High-Noise Environment Using Time-Frequency Signal Segmentation. IEEE Trans Instrum Meas 71:1-11. https://doi.org/10.1109/TIM.2022.3150864

Li J, Cheng K, Wang S et al (2017) Seleção de características: Uma perspetiva de dados. ACM Comput Surv 50:1-45. https://doi.org/10.1145/3136625

Li Y, Zhou Y, Fu M et al (2021) Análise das características de propagação e distribuição de ondas acústicas de fuga em condutas de abastecimento de água. Sensores 21(16):5450. https://doi.org/10.3390/s21165450

Lin S-W, Ying K-C, Chen S-C, Lee Z-J (2008) Particle swarm optimization for parameter determination and feature selection of support vetor machines. Exp Syst Applic 35:1817-1824. https://doi.org/10.1016/). eswa.2007.08.088

Liu Q, Chen C, Zhang Y, Hu Z (2011) Seleção de características para máquinas de vectores de apoio com núcleo RBF. Artif Intell Rev 36:99-115. https://doi.org/10.1007/s10462-011-9205-2

Liu W, Wang J (2021) Algoritmos de eliminação-eleição recursivos para a seleção de características de invólucro. Appl Soft Comput 113:107956. https://doi.org/10.1016/j.asoc.2021.107956

Liu Y, Pi D, Cheng Q (2016) Ensemble kernel method: SVM classifcation based on game theory. J Syst Eng Electron 27:251-259. https://doi.org/10.1109/JSEE.2016.00025

Mafarja M, Mirjalili S (2018) Abordagens de otimização da baleia para a seleção de características do invólucro.
Appl Soft Comput 62:441-453. https://doi.org/10.1016Zj.asoc.2017.11.006

Mahmutoglu Y, Turk K (2018) Um sistema baseado em acústica passiva para localizar furos de fuga em condutas de gás natural subaquáticas. Processo de sinal digital: Rev J 76:59-65.
https://doi.org/10.1016/j.dsp.2018.02.007

Mahmutoglu Y, Turk K (2019) Localização de fugas baseada na diferença de intensidade do sinal recebido para os gasodutos subaquáticos de gás natural. Appl Acoust 153:14-19.
https://doi.org/10.1016/j.apacoust.2019.04.006

Maldonado S, Weber R (2009) Um método de wrapper para seleção de características utilizando Support Vetor Machines. Inf Sci 179:2208-2217. https://doi.org/10.1016/j.ins.2009.02.014

Martini A, Troncossi M, Rivola A (2015) Automatic Leak Detection in Buried Plastic

Pipes of Water Supply Networks by Means of Vibration Measurements. Shock and Vibration 2015. https://doi.org/10. 1155/2015/165304

Mashford J, De Silva D, Burn S, Marney D (2012) Deteção de fugas em redes simuladas de condutas de água utilizando SVM. Appl Artif Intell 26:429-444. https://doi.org/10.1080/08839514.2012.670974

Maxit L, Karimi M, Guasch O, Michel F (2022) Análise numérica dos ganhos de formação de feixe vibroacústico para a deteção de fontes acústicas no interior de um tubo que transporta um fluxo turbulento. Mech Syst Signal Process 171:108888. https://doi.org/10.1016/j.ymssp.2022.108888

Mitra P, Murthy CA, Pal SK (2002) Unsupervised feature selection using feature similarity. IEEE Trans Pattern Anal Mach Intell 24:301-312. https://doi.org/10.1109/34.990133

Mostafapour A, Davoudi S (2013) Analysis of leakage in high pressure pipe using acoustic emission method. Appl Acoust 74:335-342. https://doi.org/10.1016/_j.apacoust.2012.07.012 Mounce SR, Mounce RB, Boxall JB (2011) Novelty detection for time series data analysis in water distribution systems using support vetor machines. J Hydroinf 13:672-686. https://doi.org/10.2166/hydro. 2010.144

Muggleton JM, Brennan MJ (2004) Leak noise propagation and attenuation in submerged plastic water pipes. J Sound Vib 278:527-537. https://doi.org/10.1016/j.jsv.2003.10.052

Nagajothi S, Elavenil S (2020) Infuência do Aluminossilicato para a Previsão das Propriedades Mecânicas do Concreto Geopolimérico - Rede Neural Artifcial. SILICON 12:1011-1021. https://doi.org/10.1007/ s12633-019-00203-8

Naghibi T, Hofmann S, Pfster B (2015) Uma estratégia de pesquisa baseada em programação semidefinida para seleção de características com medida de informação mútua. IEEE Trans Pattern Anal Mach Intell 37:1529-1540. https://doi.org/10.1109/TPAMI.2014.2372791

Nimri W, Wang Y, Zhang Z et al (2023) Data-driven approaches and model-based methods for detecting and locating leaks in water distribution systems: a literature review. Neural Comput Applic 35:11611- 11623. https://doi.org/10.1007/s00521-023-08497-x

Peng H, Long F, Ding C (2005) Seleção de características com base na informação mútua: Critérios de MaxDependency, Max-Relevance e Min-Redundancy. IEEE Trans Pattern Anal Mach Intell 27:1226-1238. https://doi.org/10.1109/TPAMI.2005.159

Poulakis Z, Valougeorgis D, Papadimitriou C (2003) Leakage detection in water pipe networks using a Bayesian probabilistic framework. Probab Eng Mech 18:315-327. https://doi.org/10.1016/S0266- 8920(03)00045-6

Puust R, Kapelan Z, Savic DA, Koppel T (2010) A review of methods for leakage management in pipe networks. Urban Water J 7:25-45. https://doi.org/10.1080/15730621003610878

Quiñones-Grueiro M, Ares Milián M, Sánchez Rivero M et al (2021) Localização robusta de fugas em redes de distribuição de água utilizando inteligência computacional. Neurocomputing 438:195-208. https://doi.org/10. 1016/j.neucom.2020.04.159 S

attar AMA, Ertugrul OF, Gharabaghi B et al (2019) Modelo de máquina de aprendizagem extrema para a gestão da rede de água. Neural Comput Appl 31:157-169. https://doi.org/10.1007/s00521-017- 2987-7

Sun X, Sun W, Ma S et al (2017) Complex structure leads to overftting: a structure regularization decoding method for natural language processing. arXiv preprint arXiv:1711.10331. https://doi.org/10.48550/ arXiv.1711.10331

Tariq S, Bakhtawar B, Zayed T (2021a) Data-driven application of MEMS-based accelerometers for leak detection in water distribution networks (Aplicação de acelerómetros baseados em MEMS para deteção de fugas em redes de distribuição de água). Sci Total Environ 151110. https://doi.org/10.1016/j.scitotenv. 2021.151110

Tariq S, Hu Z, Zayed T (2021b) Tecnologias baseadas em sistemas microelectromecânicos para deteção e localização de fugas em redes de abastecimento de água: Uma revisão bibliométrica e sistemática. J Clean Prod 289:125751. https://doi.org/10.1016/jjclepro.2020.125751

Terao Y, Mita A (2008) Abordagem robusta de deteção de fugas de água utilizando os sinais sonoros e o reconhecimento de padrões. Em: Tecnologias de sensores e estruturas inteligentes para sistemas civis, mecânicos e aeroespaciais (vol 6932, pp 697-705). SPIE. https://doi.org/10.1117/12.775968

Tijani IA, Zayed T (2022) Modelação matemática baseada na programação da expressão genética para a deteção de fugas em redes de distribuição de água. Measurement 188:110611. https://doi.org/10.1016/_j.measurement. 2021.110611 Tyagi V, Pandey P, Jain S, Ramachandran P (2023) A Two-Stage Model for Data-Driven Leakage Detection and Localization in Water Distribution Networks [Um modelo de duas fases para a deteção e localização de fugas com base em dados em redes de distribuição de água]. Water 15:2710. https://doi.org/10.3390/w15152710

Vrachimis SG, Timotheou S, Eliades DG, Polycarpou MM (2021) Deteção e localização de fugas em sistemas de distribuição de água: Uma abordagem de invalidação de modelo. Control Eng Pract 110. https://doi.org/10. 1016/j.conengprac.2021.104755

Wang S, Wang KY, Zheng L (2008) Seleção de características através da análise da relevância e redundância. J Beijing Institute Technol (English Ed) 17:300-304

Wang W, Mao X, Liang H, et al (2021) Investigação experimental sobre a deteção de fugas na tubagem de assinatura acústica em gasodutos com base na rede neural artificial. Measurement 183. https://doi.org/10. 1016/j.measurement.2021.109875

Wang X, Ghidaoui MS (2018) Identificação de múltiplas fugas em condutas: Modelo linearizado, máxima verosimilhança e localização de super-resolução. Mech Syst Signal Process 107:529-548. https://doi.org/ 10.1016/j.ymssp.2018.01.042

Wang X, Ghidaoui MS (2019) Identificação de múltiplas fugas em condutas II: formação de feixe iterativo e estimativa do número de fugas. Mech Syst Signal Process 119:346-362. https://doi.org/10.1016/j.ymssp.2018.09. 020

Wang X, Ghidaoui MS, Lin J (2019a) Identificação de múltiplas fugas em condutas III: Resultados experimentais. Mech Syst Signal Process 130:395-408. https://doi.org/10.1016/j.ymssp.2019.05.015

Yue DPT, Tang SL (2011) Estratégias sustentáveis para a gestão do abastecimento de água em Hong Kong. Water Environ J 25:192-199. https://doi.org/10.1111/j.1747-6593.2009.00209.x

Yussif A-M, Sadeghi H, Zayed T (2023) Application of Machine Learning for Leak Localization in Water Supply Networks (Aplicação de aprendizagem automática para localização de fugas em redes de abastecimento de água). Buildings 13:849. https://doi.org/10.3390/buildings13040849

Zhi B, Wu Z, Chen C et al (2023) A High Sensitivity AlN-Based MEMS Hydrophone for Pipeline Leak Monitoring. Micromachines 14:654. https://doi.org/10.3390/mi14030654

Zhou X, Tang Z, Xu W et al (2019) A aprendizagem profunda identifica localizações exactas de explosões em redes de distribuição de água. Water Res 166:115058. https://doi.org/10.1016/j.watres.2019.115058.

# Sistemas de Processos Ambientais

Shahide Dehghan[1] , Maryam Marani-Barzani[2] Hossein Gholami[3]

department of Geography, Najafabad Branch, Islamic Azad University, Najafabad, Irão

department of Geography, University of Malaya (UM), Kuala Lumpur, Malaysia

department of Civil Engineering, Isfahan (Khorasgan) Branch, Islamic Azad University, Isfahan, Irão

2024